**Ammoniten**

Formenreichste Gruppe der Cephalopoden mit meist spiralig gewundenem Gehäuse, oft einem Widderhorn ähnlich, erscheinend vor ca. 390 Millionen Jahren und erlöschend nach 325 Millionen Jahren gegen Ende der Kreidezeit.



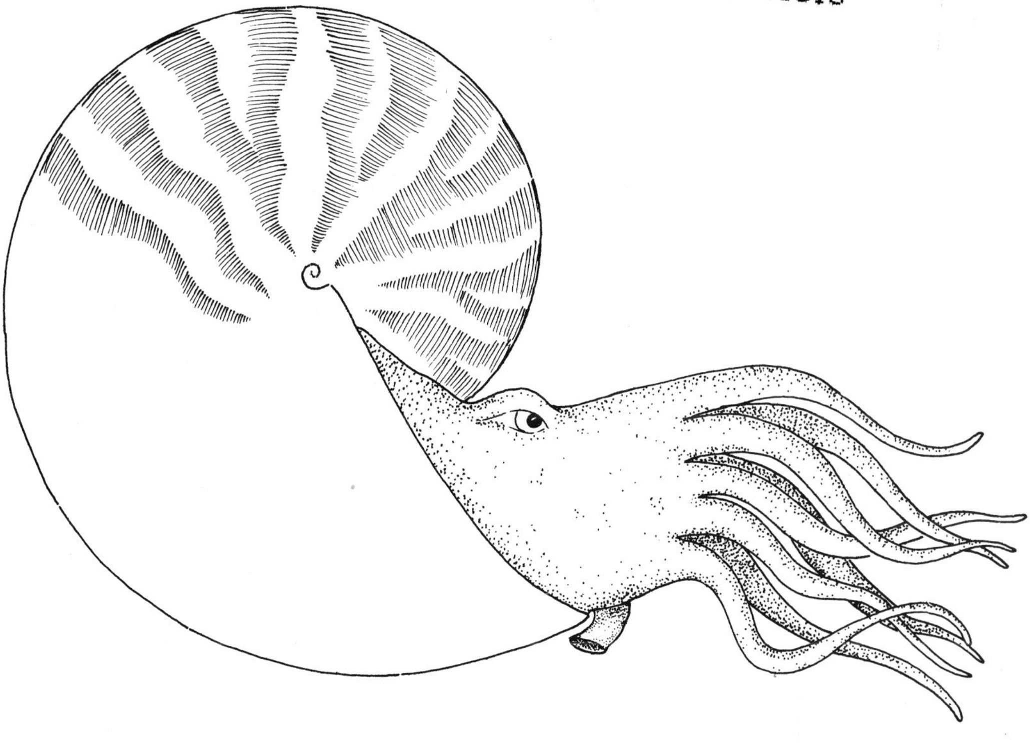

Andreas E. Richter

# Ammoniten

Überlieferung, Formen, Entwicklung, Lebensweise, Systematik, Bestimmung

Ein Kapitel aus dem Entwicklungsprogramm des Lebens

Kosmos
Gesellschaft der Naturfreunde
Franckh'sche Verlagshandlung
Stuttgart

Mit 142 Farbfotos von A. E. Richter und mehr als 200 Einzelzeichnungen und 10 Schwarzweißfotos, zusammengefaßt zu 40 Abbildungen und Grafiken, gezeichnet von Gabo Richter nach Vorlagen des Verfassers. Schwarzweißfotos von A. E. Richter

Umschlag von Edgar Dambacher unter Verwendung einer Aufnahme von Andreas E. Richter
Das Bild zeigt *Phylloceras heterophyllum* (SOWERBY)

Franckh'sche Verlagshandlung,
W. Keller & Co., Stuttgart / 1982

Printed in Italy / Imprimé en Italie
L 10 WW H He / ISBN 3-440-05129-3
Satz: G. Müller, Heilbronn
Herstellung: Grafiche Muzzio, Padua / Italien

CIP-Kurztitelaufnahme der Deutschen Bibliothek

**Richter, Andreas E.:**
Ammoniten : Überlieferung, Formen, Entwicklung, Lebensweise, Systematik, Bestimmung ; e. Kapitel aus d. Entwicklungsprogramm d. Lebens / Andreas E. Richter. – Stuttgart : Franckh, 1982.
(Kosmos-Fossil-Monographie)
ISBN 3-440-05129-3

# Ammoniten

**Vorwort** . . . . . . . . . . 7
**Ammoniten im Volksglauben** . . . . . . . . . . 11
**Frühe Deutungen** . . . . . . . . . . 14

**Das Gehäuse** . . . . . . . . . . 25
Allgemeines . . . . . . . . . . 25
Fachausdrücke . . . . . . . . . . 28
Schale . . . . . . . . . . 31
Form . . . . . . . . . . 33
Mündung . . . . . . . . . . 42
Skulptur . . . . . . . . . . 46
Septen und Lobenlinie . . . . . . . . . . 55
Frakturen (Pathologie) . . . . . . . . . . 60

**Erhaltung und Überlieferung** . . . . . . . . . . 62
**Anaptychen und Aptychen** . . . . . . . . . . 71
**Siphonalapparat** . . . . . . . . . . 75
**Anatomie** . . . . . . . . . . 77
**Ontogenese** . . . . . . . . . . 79
**Lebensraum und -weise** . . . . . . . . . . 82
**Geschlechtsdimorphismus** . . . . . . . . . . 91
**Klasse Cephalopoda (Kopffüßer)** . . . . . . 95
**Systematik** . . . . . . . . . . 96
**Stammesgeschichte (Phylogenese)** . . . . . 116
**Aussterben** . . . . . . . . . . 119
**Ammoniten als Leitfossilien** . . . . . . . . . . 121
**Bestimmung** . . . . . . . . . . 122
**Literatur** . . . . . . . . . . 126

Vorsatz: Medianschliff eines pyritisierten *Pseudolioceras bicarinatum* (ZIETEN), Unt. Jura (Ob. Toarc) von Le Clapier; ca. 4,3 cm. Schliffpräparat Erich Richter.

Frontispiz: Opalisierende Schalenreste eines „Perlmuttammoniten" aus der Ob. Kreide Nordamerikas.

Die Zeichnung auf Seite 1 zeigt die Rekonstruktion eines *Phylloceras*

# Vorwort

„Sonst, wenn der Vater auszog, liebe Kinder,
Da war ein Freuen, wenn er wiederkam;
Denn niemals kehrt er heim, er bracht' euch etwas,
War's eine schöne Alpenblume, war's
Ein seltner Vogel oder Ammonshorn..."
(SCHILLER, Wilhelm Tell, 1804)

Auch heute finden wir beim Wandern nicht gar so selten ein Ammonshorn, sei dies nun auf der Fränkischen Alb oder im Wiehengebirge. Und wenn die Wanderer auch nicht durchwegs Väter sind – über das Fossil freuen sich alle! Glücklicherweise gehören gerade die Ammoniten zu den häufigeren Fossilien. Vor allem in den Schichten des Jura und der Kreide, mitunter auch der Trias treten sie oft in großer Zahl auf: Unerschöpflich scheint der Formenschatz der immer wieder abgewandelten Spiralform zu sein! „Die gewundenen schneckenförmigen Hüllen dieser Thiere kommen unter dem Namen Ammoniten in solcher Mächtigkeit vor, daß sie ganze Gebirgszüge bilden" (W.F.A. ZIMMERMANN, Die Wunder der Urwelt, 23. Auflage 1865).

Nicht zu Unrecht gelten die Ammoniten als **Wappentiere der Geologie**, als Versinnbildlichung des Begriffs „Fossil" schlechthin. Schon frühzeitig galt das Interesse der Naturforscher jenen rätselhaften Tieren, die in Blütezeiten vielfältigen Formenreichtum hervorbrachten und die dann so plötzlich verschwanden, gestrichen aus dem weiteren Entwicklungsprogramm des Lebens. In immer neuen Abhandlungen wurde und wird über die vielen Arten berichtet, wird versucht, Umwelt und Lebensablauf zu rekonstruieren.

Blättern wir in alten Geologiebüchern oder auch allgemein gehaltenen naturwissenschaftlichen Werken, so fallen uns nicht selten Titelblätter auf mit Darstellungen vorzeitlicher Tiere. Die Ammoniten fehlen da nur selten: „Ist das nun nicht ein Portal würdig für ein geologisches Museum, und so geschmackvoll und zierlich zugleich, als man nur immer wünschen kann?" (B.v. COTTA, 1871; 1*).

Verständlich, daß Ammoniten zu allen Zeiten **bevorzugte Sammelobjekte** bildeten – Muscheln und Schnecken gibt es heute noch, sogar in den schönsten Farben! Ammoniten aber haben in der rezenten Tierwelt keine Entsprechung. Es gibt winzig kleine und wagenradgroße. Wir finden Steinkerne aus Pyrit oder Calcit und sogar Stücke mit überlieferter „Schale". Diese Sammlervorliebe für Formen ohne rezente Gegenstücke beobachten wir übrigens auch bei den Trilobiten. Sie sind in den Schichten des Erdaltertums dem Liebhaber das, was

Bild 1. „... ein Portal würdig für ein geologisches Museum..."; Holzschnitt aus den „Geologischen Bildern" von Bernhard von COTTA, 1871. Man beachte die beiden Ammoniten in den oberen Portalecken.

* Da im fortlaufenden Text immer wieder Abbildungshinweise stehen, wurde jeweils nur die entsprechende Abbildungsnummer eingefügt (1) ohne den Zusatz „Bild"; der Text wird dadurch weniger zerrissen. Größenangaben beziehen sich auf die maximale Abmessung des Fossils in der Bildebene.

die Ammoniten im Erdmittelalter darstellen. Wo suchen nach diesen begehrten Steinen? Gar oft wird gejammert, daß früher die „Fündigkeit“ wesentlich besser gewesen sei. Und wenn wir z. B. lesen, daß alten Überlieferungen nach im Halberstädtischen bei Ermsleben Ammoniten in „Wagenlasten“ gesammelt werden konnten, daß im Bereiche der Schwäbischen Alb „figurierte Steine ein gewöhnlich Hausrath seien“, kann uns schon der Neid packen.

Trotzdem: Die besseren Möglichkeiten hat der heutige Sammler! Früher existierten nur Naturaufschlüsse wie Bachbette, Rutschflächen, einige Steinbrüche und Gruben. Sie waren für die meisten der Interessierten jedoch nur nach langen Eisenbahnfahrten und Wanderungen erreichbar. Und auch damals war der Sammelerfolg nicht garantiert!

Heute sind wir in der Lage, auch große Entfernungen schnell zu bewältigen. Zahlreiche, wenn auch kurzlebige Aufschlüsse durch Straßen- und Hausbau ermöglichen immer wieder großartige Funde. Sicherlich, auch die Zahl der Sammler wird ständig größer, bestimmt aber ist für jeden noch etwas da – Futterneid sollte es unter Naturfreunden nicht geben!

Wer aber besonders gut und sozusagen exklusiv finden will, muß eben auch besondere Mühsal auf sich nehmen und z. B. versuchen, in den zahlreichen Juravorkommen Rußlands zu sammeln – die Ausbeute wird viel Aufwand lohnen (40, 75, 117, 118). Er muß in Südfrankreich entlegene „Badlands“ mit massenhaft pyritisierten Ammoniten des Unt. Jura erwandern (101, 137) oder gar nach Mexiko pilgern. Wir lesen bei H. K. Erben (1975) von reichen Fossilvorkommen in einer entlegenen Sierra: „... die überaus zahlreichen, frei herausgewittert zwischen den Kakteen auf dem weichen Mergelboden liegenden Ammoniten waren Riesenexemplare, die fast die Größe von kleinen Wagenrädern erreichten. Mein Maultier vermochte zwei von ihnen zu tragen, zwei weitere das Tier meines Begleiters...“; später „... gingen dann die Gedanken wehmütig zu dem verlorenen Paradies zurück – vier Exemplare von Hunderten!“

Massenhaft Ammoniten gibt es auch in Deutschland, wenn auch nicht in solchen Abmessungen! Bekannt und berühmt sind z.B. die Zusammenschwemmungen von Ammonitengehäusen aus der Umgebung von Forchheim (Fränkische Alb): „Ammonitenfriedhof“ (2). Hier allerdings hat der Sammlerandrang dazu geführt, daß die Besitzer der fündigen Felder beträchtliche Tagessätze für die Graberlaubnis verlangen...

Aber auch beim Klopfen in anderen Gesteinen kommen wir auf unsere Kosten. Mag sein, daß die Tagesausbeute nicht aus einem Dutzend, sondern nur aus 2 oder 3 Exemplaren besteht – was soll's! Es hat Spaß gemacht und auch etwas für die Sammlung zu Hause gebracht. Sehen wir das Sammeln von dieser Seite, so können wir nur Freude daran haben. Dies schließlich ist der Sinn eines jeden Steckenpferdes!

Das vorliegende Buch soll dem Sammler einen Überblick geben über Schönheit und Formenfülle „seiner“ Fossilien, der Ammoniten. Die Fotos zeigen oft besondere Prachtstücke, die der Stolz ihrer Besitzer sind. Nicht selten hängt an solchen Stücken zudem eine Geschichte – Fundumstände, Pech oder Glück beim Präparieren –, die sie dem Liebhaber noch wertvoller macht.

Andere Exemplare wurden ausgewählt, um Geschriebenes zu verdeutlichen. Mag sein, daß der eine oder andere Leser herablassend auf seine viel besser erhaltenen Ammonshörner verweisen kann: Herzlichen Glückwunsch!

All jene Fremdwörter, die immer wieder in

Bild 2. „Ammonitenfriedhof“ mit zahlreichen Exemplaren der Art *Dactylioceras athleticum* (SIMPSON). Unt. Jura (Unt. Toarc, Schwarzjura ε); Schlaifhausen bei Forchheim. Der Ammonit rechts außen mißt ca. 5 cm.

Fachbüchern verwendet werden, sind im Text und durch Zeichnungen erläutert (Kapitel „Gehäuse: Fachausdrücke“). Die an Ammonitengehäusen auftretenden Merkmale werden besprochen, soweit sie für den Liebhaber wichtig sind: Wer gründlich liest und mitdenkt, weiß schließlich ganz ordentlich Bescheid... Fehlen bei allgemein verwendeten Fremdwörtern Erläuterungen, so ist der Sinn dem Duden zu entnehmen.

Einige der Probleme, die im Moment die Ammonitenforscher beschäftigen, wie Geschlechtsdimorphismus oder Aptychenfunktion, werden kurz angeschnitten. Weitergehende Besprechung ist vom Platz her nicht möglich. Schließlich gibt es hierüber andere hervorragende Bücher (Seite 126ff.), deren Lektüre dem, der intensiver einsteigt, empfohlen sei.

Alles, was mit Gehäuse und Anatomie, Lebensweise und Ontogenese, Systematik und Stammesgeschichte usw. zusammenhängt, wird so weit wie nötig (und möglich) erläutert. Kurz: Angesprochen ist, was den mitdenkenden Sammler interessieren sollte! Die Darstellung erfolgt weitgehend so, daß Verständnis auch bei noch geringen geologischen und paläontologischen bzw. biologischen Kenntnissen möglich ist.

Das Literaturverzeichnis nennt eine Auswahl heute meist noch erhältlicher Werke, geeignet einerseits zur allgemeinen Vertiefung ins Thema „Ammoniten", andererseits auch zur Bestimmung der Funde. Sinnvollerweise lernen wir diese (teilweise teuren) Bücher erst in öffentlichen Büchereien (evtl. über die Fernleihe) kennen, ehe wir uns zum Kauf entschließen.

Herzlichen Dank spreche ich den Herren Wolfgang Brodte, Kurt Lenzer und Reinhard Veit aus für die Überlassung ihrer Sammelstücke zum Fotografieren. Die Materialauswahl aus den großartigen Sammlungen Lenzer und Veit fiel wegen der Fülle schöner Fossilien schwer! (53; 3, 12, 18, 20, 21, 23, 27, 31, 32, 45, 46, 48, 49, 51, 52, 63, 72, 73, 78, 86, 87, 140, 141, 145, 146, 151, 152, 165, 166, 167, 169, 172, 174, 175; 2, 35, 40, 55, 56, 64, 65, 75, 81, 85, 88, 89, 90, 94, 95, 99, 100, 117, 118, 127, 128, 130, 136, 138, 143, 144, 149, 150, 171.)

Herzlichen Dank auch an den Lektor des Verlages, Herrn Werner K. Weidert, für die gute und verständnisvolle Zusammenarbeit. Meiner Frau danke ich ganz besonders für die Anfertigung der Zeichnungen; die Erfüllung meiner Wünsche mag nicht immer einfach gewesen sein.

Abschließend wünsche ich allen Lesern eine informative Lektüre (wenn sie auch nicht immer leicht sein wird) und viel Freude an ihren Sammlungsstücken. Ich hoffe, daß dieses Buch helfen wird, möglichst viele damit zusammenhängende Fragen zu beantworten.

Andreas E. Richter

# Ammoniten im Volksglauben

Vergleichsweise wenig Geschichten, Sagen und abergläubische Vorstellungen ranken sich um die Ammoniten. Das ist kaum verständlich, wenn man bedenkt, wie häufig und in wie vielen Gesteinen diese Fossilien vorkommen. Der Volksglaube beschäftigt sich viel intensiver z. B. mit den Belemniten, Seeigeln, Großforaminiferen usw. Warum?

In erster Linie wohl deshalb, weil Ammoniten scheinbar nichts anderes darstellen als **steinerne Schneckenhäuser**, zutage kommend in Steinbrüchen oder Gruben, auch beim Pflügen oder ausgewittert an Felshängen usw. Viel Spielraum für Deutungen blieb hier also nicht übrig, ganz anders als z. B. bei den Belemniten, die man „Luchssteine" (wegen des beim Reiben entstehenden Geruchs), „Teufelsfinger", „Donnerkeile" usw. nannte. Wir dürfen sicher annehmen, daß bei den Ammoniten keine Überlieferungslücke besteht, sondern daß sie einfach keinen Platz fanden in den mythischen Vorstellungen unserer Vorfahren.

Immerhin sind aus den verschiedensten Gegenden einige mit Ammoniten verbundene Bräuche bekannt. Einer, der im westlichen Himalaya üblich war, dürfte alle Fossiliensammler begeistern: Die dort im Spiti-Tal anstehenden, 100–150 m mächtigen, gleichnamigen Schiefer (Ob. Jura – unterste Unterkreide) enthalten eine sehr reiche Ammonitenfauna. Die Einheimischen bezeichneten diese Ammoniten als Götterräder, trugen Fundstücke auf Paßhöhen und deponierten sie dort als Opfergabe für die Götter. Ob sich noch Reste der so entstandenen „Ammonitenhügel" an Ort und Stelle befinden, bliebe zu prüfen.

Sehr evolute, aus zahlreichen Windungen bestehende Gehäuseformen wurden als **Schlangensteine** bezeichnet. Die meisten der in Whitby (Yorkshire, Ostküste Englands) vorkommenden Ammoniten gehören hierzu (*Dactylioceras*, 3). Eine Sage erzählt, daß die Heilige Hilda (614–680; Äbtissin in Whitby) die Fähigkeit hatte, Schlangen durch die Kraft ihres Gebetes in Stein zu verwandeln. Über die Herkunft der Schlangenplage ist leider nichts gesagt.

Sir Walter Scott (1771–1832) erzählt hiervon

Bild 3. Zwei „Schlangensteine" von Whitby, Yorkshire (England): links *Dactylioceras commune* (Sowerby), rechts *D. tenuicostatum* (Young & Bird), ca. 8 cm. Unt. Jura (Unt. Toarc, *bifrons*-Zone).

in seiner 1808 erschienenen Rittererzählung „Marmion":

„How of a thousand snakes each one
Was changed into a coil of stone
When holy Hilda prayed."

(Die Sammler sollten also bei guten Ergebnissen in Whitby Dank sagen an die richtige Adresse.)
In alten Werken finden wir oft eine entsprechende Trennung in „Ammonshörner" und „Schlangensteine" („Ophiten"), bezogen auf die Gehäuseform.
Verständlich, daß das Wappen der Stadt Whitby einen solchen Ammoniten zeigt. Eine früher häufig geübte Praxis war die „Umarbeitung" eines solchen Dactylioceraten in eine Schlange: Das Ende des letzten Umganges wurde grob stilisiert zum Schlangenkopf ausgearbeitet. Wer genug Material aus Whitby hat (finden können wir auch heute noch reichlich an der Küste!), kann ja einen seiner Ammoniten umgestalten...
Weitverbreitet war der Glaube an die siegbringende Kraft solcher Schlangensteine (**Siegsteine**). Dazu ein Zitat aus Jakob GRIMM, Deutsche Mythologie (1835; Wiener Codex):

„ich hoere von den steinen sagen,
die natern und kroten tragen,
daz grôze tugend dar an lige,
swer si habe, der gesige;
mohten daz sigessteine wesen,
sô solt ein wurm vil wol genesen,
ders in sinem libe trüege,
daz in nieman erslüege."

Mit diesen natternzeigenden Steinen *könnten* gut Ammoniten gemeint sein, wenn auch weitere und gründlichere Informationen aus jener Zeit zu fehlen scheinen – leider.

Im Breisgau, aber auch in manchen Gegenden der Schwäbischen und Fränkischen Alb war es früher üblich, Ammoniten in Hauswände einzumauern – wohl als **Glücksbringer** oder um Unheil abzuwenden und böse Geister abzuhalten. Ein nettes Beispiel dieser Art gibt der Oberjuraammonit im Türmchen eines Stadttores und weitere Ammoniten an anderen Gebäuden der oberpfälzischen Stadt Berching. Jedoch war dieser Brauch nicht unbedingt regional gebunden. Auch in Frankreich stößt man hin und wieder auf derartigen „Wandschmuck". In Neubauten eingefügte Ammoniten freilich werden wohl kaum aus Aberglauben angebracht, sondern vielleicht eher zur Demonstration der Naturverbundenheit oder auch, um etwas „Besonderes" zu zeigen.
**Schutzfunktion gegen Blitzschlag** hatte der unter den Dachsparren angebrachte Ammonit. Dieser Brauch war jedoch nur regional – im Breisgau – verbreitet.
Mag sein, daß solche Sitten durch Weitererzählen entstanden: Wer daran glaubte, klemmte sich auch ein Fossil unter die Dachhaut (geschadet hat das jedenfalls nichts).
Mancherorts galten Ammoniten als **Drachensteine**, wie z.B. in der Gegend von Gandersheim in Niedersachsen. Ob diese Bezeichnung über die Schlangenform auf einen „Milchdrachen" (= milchtrinkende Hausschlange; belegt im Volksglauben) zurückzuführen ist oder ganz allgemein auf die Zauberkraft der Spiralform (der immer wieder besondere Eigenschaften zugeschrieben wurden), bleibt unklar. Jedenfalls lesen wir bei Johann Jakob REISKIUS (Dissertatio de Cornu Hammonis, 1688): „Man hält insgemein davor, daß dieser Drachenstein sonderbare Kraft bei Hexerei habe, sonderlich wann die Kühe ihre Milch nicht geben, oder von Hexen durch Satans Betrug ausgemolcken werden: Alsdann wird in den

Melckpot dieser Stein gelegt, und darauf die vorige Milch bey der Kuh verhofft, wie sie dann sich wieder einfindet."

Friedrich Christian LESSER schreibt in seiner 1735 erschienenen „Litheologie": „Jenseits des Ober-Hartzes, nicht weit von Goslar, wird in denen nach Gandersheim und Brunshusen gehörigen Aeckern ein curiöses fossile gefunden, welches ein artig formierter Stein ist, so rund und gewunden wie ein Horn von einem Widder aussiehet, und von den Einwohnern ihrer Mund-Arth nach, der Draken- oder Drachenstein genennet wird, weilen sie insgemein davor halten: Daß solcher eine sonderbare Krafft vor die vom Drachen herrührende Hexerei habe, sonderlich wenn die Kühe dadurch nicht ihre völlige Milch, oder an statt derselben Blut geben; in welchem Fall sie alsdann solchen Stein in den Milchkübel legen, und darauf die vorige Milch in gebührender Qualität bey der Kuh wieder erwarten."

Sicherlich handelt es sich bei diesen „Drachensteinen" um Ceratiten (4, 80, 125), die auf den Feldern des Oberharzes auch heute noch zu finden sein sollten. Gerade Ceratiten erinnern ja recht deutlich an Widderhörner (6).

Alle ammonitische Zauberkraft wurde sicherlich auf die Spiralform zurückgeführt. Dabei war es anscheinend ohne Belang, ob der Siegstein usw. zur Gruppe der „Ammonshörner" oder zu jener der „Schlangensteine" gehörte. Lokal treffen wir noch auf verschiedene Deutungen, nicht nur für das Gehäuse als Ganzes, sondern auch für seine Fragmente: Die auf der Düne vor Helgoland immer wieder freigespülten Fossilreste werden von den Einheimischen ihrer Form wegen sehr treffend **Katzenpfötchen** genannt (*Ancyloceras*, 5). Es handelt sich dabei um Teile kreidezeitlicher Ammoniten, und zwar um Kammerfüllungen des unterteilten Gehäusebereiches (Phragmokon).

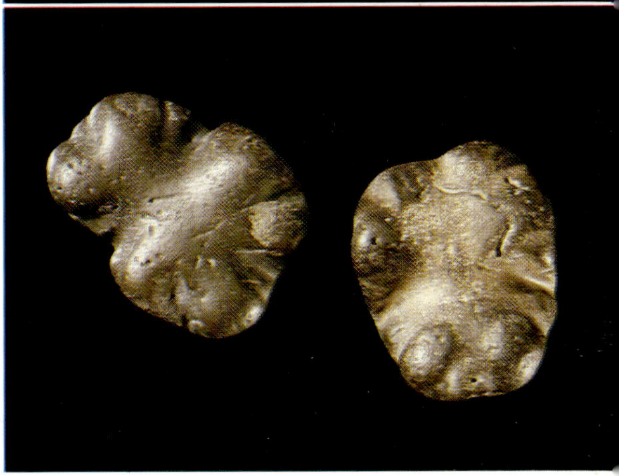

Bild 4 (ganz oben). Ammonit in Widderhornform: *Ceratites robustus* RIEDEL, Ob. Muschelkalk (Unt. Ceratitenschichten, *robustus*-Zone); Teutoburger Wald; ca. 6,5 cm.

Bild 5. „Katzenpfötchen", Kammerausgüsse eines heteromorphen Ammoniten (*Ancyloceras*) aus der Unt. Kreide. Düne von Helgoland. Leg. W. KUSCHEL. Je ca. 2,5 cm.

Schließlich sei noch darauf hingewiesen, daß Ammoniten bereits in der Steinzeit als **Talisman** verwendet wurden: In der Vogelherd-Höhle bei Ulm wurde das Bruchstück eines mit schmückenden Kerben versehenen Unterjuraammoniten gefunden, zusammen mit tertiären Muscheln (*Glycimeris*). Die Datierung weist die Funde in das Aurignacien (Jungpaläolithikum). Und ein Anhänger aus der La-Tène-Zeit zeigt einen kleinen pyritisierten Ammoniten – Schmuck und Glücksbringer zugleich.

# Frühe Deutungen

Amun oder Amon, heute Ammon, war ursprünglich der Stadtgott von Theben. Später aufgewertet und in ganz Ägypten und Libyen als Lichtgott mit dem Sonnengott Re gleichgesetzt („Ammon-Re"), wurde er von den Griechen als Gegenstück zu Zeus betrachtet. Das dem Ammon zugehörige Tier war der Widder. Darstellungen zeigen ihn dementsprechend häufig mit Widderkopf oder aber mit Widderhörnern (6).

Nach dem Niedergang der thebanischen Macht konnte sich Ammon lediglich halten in gewissen Gegenden Äthiopiens sowie z.B. in der Oase Ammonium (oder Ammon, heute Siwa) in der libyschen Wüste. Sein Tempel dort war mit einem berühmten Orakel verbunden.

Da kräftig berippte Ammoniten nicht wenig an Widderhörner erinnern, prägte man den Namen **Cornua Ammonis** (bzw. Ammonis cornua = Ammons Hörner).

„Cornua Ammonis zählen unter die heiligsten Steine Äthiopiens. Von goldener Farbe, das Bild eines Widderhorns zeigend, erregen sie weissagerische Träume." So lesen wir bei PLINIUS dem Älteren (23–79) im 37. und letzten Buch seiner „Historia Naturalis". Da er die meisten seiner Informationen aus (heute großteils verschollenen) älteren griechischen und lateinischen Werken schöpfte, liegt der Ursprung dieser Aussage im dunkeln.

Bild 6. Bündnismünze zwischen Mytilene und Pergamon unter dem Praetor Valerius Aristomachus. Das Bild stellt Jupiter Ammon dar, mit Widderhörnern an Stelle der Ohren.

Bild 7. Hammonis cornu Plinii, aus Conrad GESNERS „De rerum fossilium ..." von 1565. Die Abbildung zeigt, wie er sich einen Ammoniten nach der Beschreibung des PLINIUS vorstellte.

Georg AGRICOLA (1490–1555), Arzt und Mineraloge, später Stadtphysikus und schließlich Bürgermeister in Chemnitz, glaubte in Ammoniten aus dem Festungsgraben von Hildesheim den äthiopischen Originalen entsprechende Funde vorliegen zu haben: Pyritisierte und goldglänzende Fossilien aus Tonen des Unt. Jura (De natura fossilium, 1547).
In seinem 1565 erschienenen Werk „De rerum fossilium, lapidum et gemmarum figuris" bildet Conrad GESNER (1516–1565) ein Ammonshorn ab, wie er es sich nach der Beschreibung bei PLINIUS vorstellte (7). Das Fossil gleicht allerdings eher einem Nautiliden oder bestenfalls einem frühen „Goniatiten", nicht aber typischen Ammoniten (wo ist die Ähnlichkeit mit einem Widderhorn?). Die Darstellung ist aber sicherlich eine der frühesten „Ammoniten"-Abbildungen.
Verschiedene Formen der **Scherhörner** finden wir neben anderen Fossilien in Veröffentlichungen des Johann BAUHIN (1541–1613; Professor der Rhetorik in Basel, später Leibarzt des Herzogs von Württemberg). In teilweise naturgetreuen Abbildungen werden erstmals Ammoniten aus den schwäbischen Juraschichten „abkonterfeit" (8). Das Buch erschien 1598 in Lateinisch („Joanis Bauhini historia novi et admirabilis fontis balneique Bollensis in ducatu Wirtembergico ad acidulas Göppingensis"), 4 Jahre später auch in Deutsch. Interessant ist die Entstehung: Auf Weisung des Fürsten wurden Grabungen an der Schwefelquelle von Bad Boll angestellt. Die dabei zutage kommenden Fossilien erstaunten den hohen Herren derartig, daß auf seine Anordnung hin die Quelle von nun an als „Wunderbrunnen" zu titulieren war. Die Funde wurden in einem Anhang der Abhandlung über den „Wunderbrunnen" dargestellt.

Bild 8. „Ein Scherhorn/so zimlich groß/und an etlichen orthen geharnischt ist." Klar erkennbarer *Amaltheus* (Unt. Jura, Ob. Pliensbach, Schwarzjura δ) aus Johann BAUHINS „Wunderbrunnen Bad Boll" (1602).

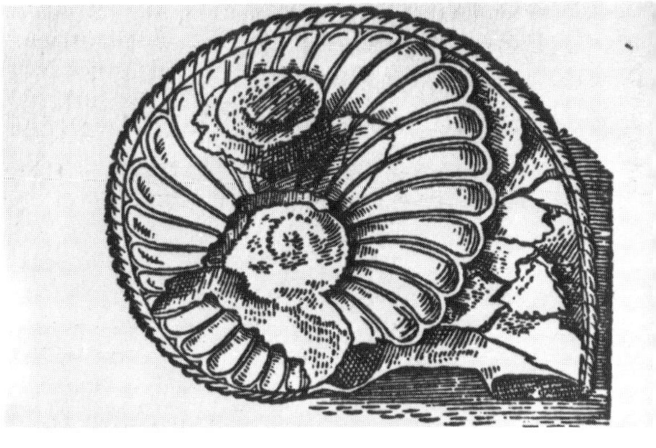

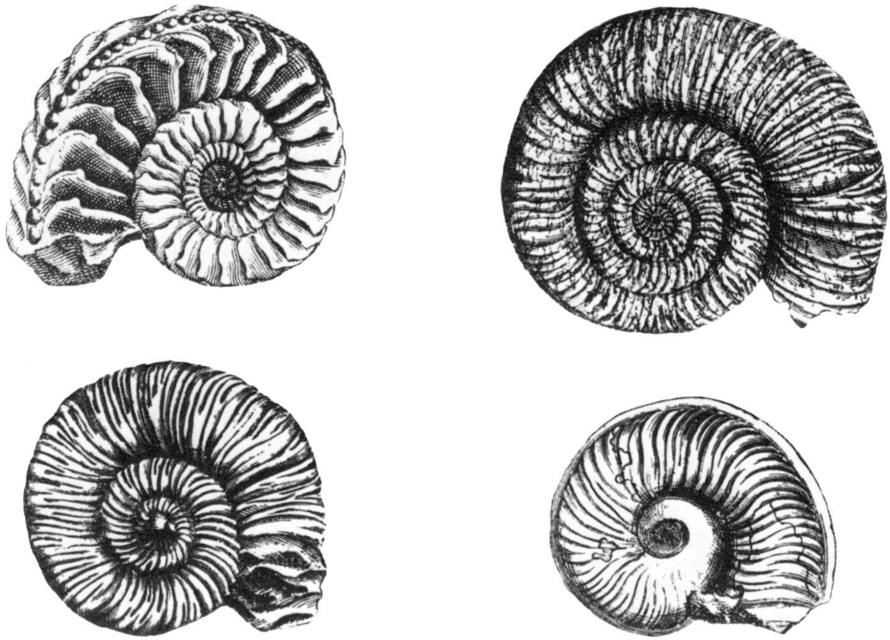

Über die Natur der Ammoniten wird freilich nichts ausgesagt.

Die deutsche Bezeichnung **Ammonshorn** wurde erstmals gebraucht von Johann Jakob Scheuchzer (1672–1733), dem berühmten Diluvianisten, also Verfechter der Sintfluttheorie. Bekannt wurde er vor allem durch seine Deutung eines Riesensalamanderskelettes von Öhningen als „betrübtes Beingerüst von einem armen Sünder". Bei Scheuchzer tauchen die Ammonshörner erstmalig in seiner „Naturgeschichte des Schweizerlandes" (1707) auf.

Sehr interessante Fossilbeschreibungen, darunter auch etliche von Juraammoniten, gibt Johann Jakob Baier (1677–1735), ein Freund

Bild 9. Ammoniten aus Johann Jacob Baiers „Nürnbergischer Fossilkunde" (1708). Die Fossilien entstammen der Tafel III. Links oben: *Pleuroceras spinatum* (Unt. Jura, Ob. Pliensbach, Schwarzjura δ); rechts oben: *„Perisphinctes" sp.* (Ob. Jura); links unten: *Ataxioceras sp.* (Ob. Jura, Unt. Kimeridge, Weißjura γ); rechts unten: *Harpoceras sp.* (Unt. Jura, Unt. Toarc, Schwarzjura ε).

Bild 10 (Seite 17). Der „Nürnbergischen Fossilkunde" des Johann Jacob Baier (1708) vorgesetzter Kupferstich (Ausschnitt), erläutert durch ein (lateinisches) Gedicht seines Bruders J. W. Baier: „Aus dem Schoße der norischen Erde steinern entsprangen / Muscheln, welche dereinst lebten am Meeresgrund..." Aus dem Füllhorn ergießt sich ein Überfluß an Fossilien, darunter zahlreiche Ammoniten.

Scheuchzers, in seiner „Oryktographica Norica“ (Nürnberger Fossilkunde, 1708; 10) zusammen mit mehr oder weniger guten Abbildungen (9). Freilich spricht er teilweise noch von Figurensteinen – alle für ihn undeutbaren „gestalteten Steine“ wie Belemniten, Seelilienstielglieder usw. werden hier eingereiht. Einige Zitate mögen den damaligen Kenntnisstand charakterisieren: „Den Reigen der Einschaler aus unserer Gegend, die Umgänge oder Windungen tragen, führt das Ammonshorn an, eine Gattung des Figurensteins, welche so benannt ist, weil sie in sich zusammengerollte und eingekrümmte Windungen besitzt, gleich dem Horn eines Widders, womit ausgestattet die Heiden ihren Jupiter Ammon darstellten.“

„Sämtliche fossilen Schaltiere, die so eingerollt sind, daß das Zentrum auf keiner Seite hervorragt, sondern niedriger oder wenigstens auf gleicher Ebene liegt, alle diese, ungeachtet der verschiedenen Zahl der Windungen, der Größe usw., nennt man Nautiliden oder Ammonshörner.“

Hierzu ist zu sagen, daß damals eine scharfe Trennung der Nautiliden und Ammoniten nicht üblich war. Einige Autoren stellten z. B. die weitnabeligen Nautiliden zu den Ammoniten.

Über die Lobenlinien (11) äußert er folgendes:

Bild 11 (oben). Gut erkennbare Lobenlinie auf einem Bruchstück von *Baculites compressus* Say (Ob. Kreide, Ob. Campan, Pierre Shale) aus Wasta, South Dakota (USA). Die Schale wurde abgeschliffen. Ca. 6 cm.

Bild 12. *Scaphites gibbus* (Schlüter), nach Meinung früherer Forscher ein „vom Tode überraschtes“ Tier, das sich nicht mehr rechtzeitig einrollen konnte. Ob. Kreide (Ob. Campan); Neubeckum bei Beckum; ca. 6 cm.

„Übrigens sind diese Verzweigungen von gleichsam ziselierten Linien nichts anderes als äußere Spuren von **Gelenken in den Ammonshörnern** selbst, dessen ich völlig gewiß bin..., was kürzlich auch Dr. SCHEUCHZER durch Autopsie bestätigt hat."
Hier die Meinung eines anderen Forschers. J.F. KRÜGER schreibt 1823: „Noch weniger ist man imstande, zu bestimmen, in welche Reihe die gegliederten Ammoniten gehören. Es finden sich nämlich, doch nicht häufig, Ammoniten mit bewegbaren Windungen, welche sich auseinanderlegen lassen. Viel öfter als sie erscheinen, vorzüglich als Steinkerne, einzelne Ammonitenglieder [5], die deutlich zeigen, daß sie, wie Rückenwirbel höherer Tierklassen, mit gelenkartigen Fortsätzen versehen sind und dem lebenden Tier eine Gelenk-Bewegung verstatteten."
„Die sogenannten **schiefen Ammonshörner** welche man den Scaphiten [12] beizählt, sind doch wohl größtenteils nur ausgestreckte Ammoniten, die, vom Tode überrascht, sich nicht zusammenrollen konnten, sondern nur den hinteren Teil krebsschwanzartig unterschlugen. Vielleicht sind es auch Schalen gestorbener Tiere, die nicht mehr in Windungen zusammenhaltend, auf dem Erdboden schlotternd umhertrieben und durch die Versteinerungsmasse begraben wurden." – Leopold von BUCH (1774–1853) betrachtete die Scaphiten als „kranke Tiere", das heißt pathologische Mißbildungen.
Hin und wieder finden sich tatsächlich Ammoniten mit gegeneinander beweglichen Steinkernen des Phragmokons, also des gekammerten Gehäuseteils (nach Auflösung der Außenschale und der Septen, ohne nachträgliche Verkittung der entstandenen Hohlräume durch Mineralien). Und selbstverständlich finden sich solche Fossilien auch isoliert im Gestein („Katzenpfötchen", 5). Interessant ist die Deutung als bewegliche Ammonitengehäuse, ähnlich z.B. den Trilobitenpanzern.
Doch zurück zu BAIER. Er erkannte ganz richtig, daß die Lobenlinien nicht einheitlich sind, und regte auch schon an, daraus ein Bestimmungsmerkmal zu machen: „Wie aber die Ammonshörner sich nach anderen Gesichtspunkten voneinander unterscheiden, so sind sie auch hinsichtlich der Bildung der Gelenke verschieden. Ich habe auch noch wahrgenommen, daß, je tiefer die Oberfläche abgenutzt ist, um so unschönere und rohere Gelenke zum Vorschein kommen, da nun einmal die feinsten Verzweigungen derselben, die an der Oberfläche liegen, zugleich verschwinden, wenn diese abgerieben wird."
Er erkennt also ganz richtig die zur Mitte der Windungsröhre hin nachlassende Septenfaltung. Weiterhin macht er sich Gedanken darüber, ob auch alle Arten der Nautiliden „die genannten Gelenke besitzen." Schließlich drückt er ganz klar aus, daß die Ammoniten nicht zu den Figurensteinen zu rechnen seien: „Übrigens, die Amonshörner nicht für Spielereien der Natur, sondern für **wahrhafte Schalen von Schaltieren** und teils für Abdrücke derselben zu halten, sehe ich mich veranlaßt aus mehreren Gründen..."; und er nimmt all jene fossilen Schaltiere letztlich als „... mit goldenen Lettern beschriebene Denkmäler jener allgemeinen Wasserflut...".
Als **Kammerschnecken** werden die Ammoniten in verschiedenen eher populärwissenschaftlichen Veröffentlichungen des 19. Jahrhunderts bezeichnet (z.B. bei W.F.A. ZIMMERMANN 1865). Einzelne Kammerfüllungen – „Katzenpfötchen" (5) – bildete z.B. Carl Nikolaus LANG ab (1708); er bezeichnet sie als **Wirbelsteine**.
Wir erkennen, daß manche Merkmale der

Ammoniten gut bekannt waren, wenn auch unrichtig interpretiert wurden. Andere Forscher jener Zeit, wie z.B. der berühmte Botaniker Antoine de JUSSIEU, stellten recht kühne Theorien auf: Alle Ammonshörner seien bei der großen Flut von der Ammonsoase her in alle Welt, „vorzüglich auch nach Europa“ geschwemmt worden.

Derartige Deutungen waren freilich ungewöhnlich, immerhin jedoch ein Versuch zur Klärung der Herkunft dieser Fossilien.

Betrachten wir alle jene Abhandlungen kritisch, so erkennen wir, daß vor allem versucht wurde, Formen aufzuzeigen. Zuerst mußten die Arten geschieden werden, ehe man an systematische Gliederungen gehen konnte.

In Anlehnung an GESNER, der seinerzeit die „versteinerten“ Gegenstände von den lebenden (also rezenten) durch Anhängung der Silbe „ites“ trennte, übernahm diese Praxis erstmals Johann Philipp BREYN auch für die Ammoniten (1732): Statt Ammonis cornua oder Ammonshörner nun also **Ammonites**.

Ab der Mitte des 18. Jahrhunderts wurde Carl LINNÉS System der „binären Nomenklatur“ angewendet, nach der Tiere, Pflanzen und auch Fossilien kurz und treffend durch zwei Namen gekennzeichnet sind. Bei den Ammoniten wurden allerdings vorerst noch keine Gattungsnamen gebraucht. Die Gruppe wurde als „Geschlecht“ zusammengefaßt und mit „Ammonites“ bezeichnet (sozusagen als Familienname). Dazu kam dann der „Vorname“, z.B. „amaltheus“, „heterophyllum“ usw. So verfuhr man noch bis in die ersten Jahre unseres Jahrhunderts (z.B. im 1910 erschienenen „Der Petrefaktensammler“ von Eberhard FRAAS). Schließlich aber setzte sich auch bei den Ammoniten der Gebrauch eines Gattungsnamens durch, wodurch *Amaltheus margaritatus* und *Phylloceras heterophyllum* entstanden. Der französische Conchyliologe (= Erforscher von – meist rezenten – Schaltieren) Denys de MONTFORT (ca. 1750–1820) war einer der ersten in dieser Weise vorgehenden Forscher. F. A. QUENSTEDT schimpft darüber (1885): „MONTFORT war der erste, welcher von dem großen Geschlecht Ammonites Untergeschlechter abzutrennen versuchte, wie den Amaltheus margaritatus, was jetzt so viele Nachahmer gefunden hat, zu nicht geringer Beschwerde der Sammler.“

Nun, die Fossilwerke mit Ammonitendarstellungen und -beschreibungen wurden immer häufiger, und nur noch die wichtigsten seien genannt:

Berühmt ist z.B. J.C.M. REINECKES mit 13 „colorierten“ Tafeln ausgestattetes Buch von 1818: „Des Urmeeres Nautili und Argonautea aus dem Gebiet von Coburg und Umgebung“. Bei F.A. QUENSTEDT lesen wir (1885), daß seine Darstellung der Fossilien „... an Eleganz und Treue alles bis dahin Bekannte übertrifft, namentlich wurden in manchen Bildern auch schon die Loben (suturae dissepimentorum) so gut eingezeichnet, daß sie uns bei der Bestimmung wesentliche Dienste leisten.“

Als einer der berühmtesten Kenner der Fossilien und Mineralien galt im 18. Jahrhundert Johann Ernst Immanuel WALCH (1725–1778, Professor der Beredsamkeit und Dichtkunst). Er schrieb eine „Naturgeschichte der Versteinerungen“ (1768), als Erläuterung zu der von Georg Wolfgang KNORR (1705–1761; Kupferstecher zu Nürnberg) herausgegebenen „Sammlung von Merkwürdigkeiten der Natur“ (1755). Im zweiten Teil des Werkes werden zahlreiche Ammoniten aus dem Fränkischen Jura abgebildet.

Etwa um die Wende vom 18. zum 19. Jahrhundert zeigte William SMITH (1769–1839; Geometer, „Strata Smith“) als erster in konkreter Form die **Schichtdatierung mit Hilfe von Fossilien**.

Dazu wurden schon damals vor allem Ammoniten herangezogen (s. Kapitel „Ammoniten als Leitfossilien").

Friedrich August QUENSTEDT (1809–1889; berühmter Paläontologe in Tübingen und Verfasser zahlreicher, teilweise umfangreicher Werke) erarbeitete eine Gliederung des Schwäbischen Jura aufgrund der Fossilführung: „Wir haben kein zweites Thiergeschlecht, mit welchem man die Schichtfolge, zumal im Lias, schärfer feststellen könnte, als die Ammoniten." „Das Flözgebirge Württembergs" (1843) enthielt erstmals die Dreigliederung Lias, Brauner und Weißer Jura mit je 6 Untereinheiten (alpha, α; beta, β; gamma, γ; delta, δ; epsilon, ε; zeta, ζ. Ein auch heute noch hochinteressantes Werk ist „Der Jura" (1858) mit zahlreichen vorzüglichen Fossilabbildungen auf 100 Tafeln (14).

Im ersten Band der „Petrefactenkunde Deutschlands" handelte er die Cephalopoden auf 36 Tafeln ab (1846), war aber über das Ergebnis anscheinend nicht restlos glücklich – zu wenige der geliebten Ammoniten fanden Platz: „Als nun aber in der Palaeontographical Society seit 1878 die vortrefflichen Monographien meines werthen Freundes Th. WRIGHT über „Lias Ammonites of the British Islands" erschienen, da erfaßte mich im Stillen eine Sehnsucht, ihm hier aus dem südwestlichsten Winkel Deutschlands zuzurufen, es ist dort alles wie bei uns." 1885 schließlich ging dieser Wunsch in Erfüllung – es erschien die erste Lieferung seines letzten großen Werkes „Die Ammoniten des Schwäbischen Jura" (abgeschlossen 1888). Auf 126 großformatigen Tafeln werden hier die Ammonshörner der Juraschichten Württembergs gezeigt. Und wenn auch die Nomenklatur oft überholt ist, sehr nützlich sind immer noch die vorzüglichen Abbildungen und genauesten Beschreibungen, sowohl des Fossils wie auch des „Lagers".

In seiner „Paléontologie Française" (1840 bis 1855) versuchte der französische Paläontologe Alcide d'ORBIGNY (1802–1857; er und QUENSTEDT lagen sich häufig in den Haaren wegen Fossilbenennungen) alle in Frankreich vorkommenden wirbellosen Fossilien zu bearbeiten. In mehreren Bänden werden die Ammoniten behandelt und in hervorragender Weise abgebildet (15).

In der zweiten Hälfte des vorigen Jahrhunderts

Bild 13. *Pleuroceras reichenbachense* SCHLEGELMILCH aus der Familie der Amaltheidae („Ziegenhörner"); Unt. Jura (Ob. Pliensbach, Schwarzjura δ); Reichenbach bei Aalen (Württ.). Das Fossil sitzt in einer Pyritknolle und hat einen Durchmesser von ca. 3,8 cm.

Quenstedt, Jura

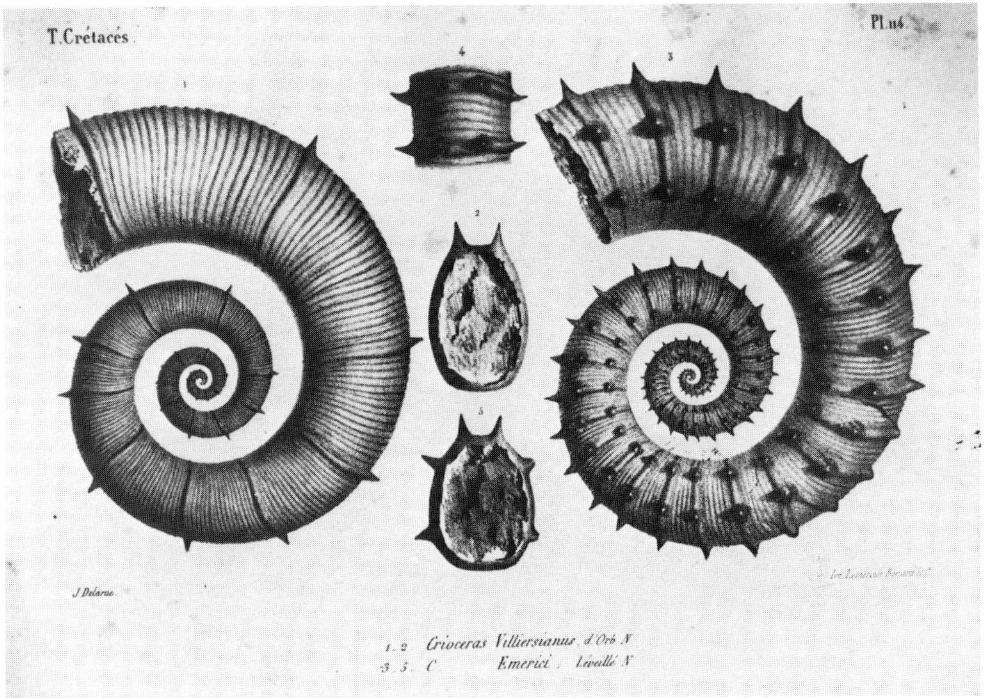


Bild 15. Tafel aus der „Paléontologie Française“, Terrains Crétacés I, Céphalopodes, von Alcide d'ORBIGNY (1840).

wurden auch bereits Überlegungen über stammesgeschichtliche Zusammenhänge angestellt; der Geschlechtsdimorphismus wurde diskutiert (vor allem von französischen Wissenschaftlern) und auch Gedanken ökologischer Art geäußert. Die Forschung war insgesamt gesehen relativ weit fortgeschritten. Den Wissenschaftlern unseres Jahrhunderts freilich blieb die Aufarbeitung und Revision der zahllosen zusammengetragenen Formen und aufgestellten Namen vorbehalten, die Klärung der palökologischen Verhältnisse und letztlich auch eine Neuerarbeitung der Stammesgeschichte, letzteres vor allem aufgrund von Untersuchungen der Lobenlinie (O.H. SCHINDEWOLF, 1896–1971).

Bild 14. Tafel aus F. A. QUENSTEDTS „Jura“ (1858). Die Fossildarstellung war praktisch schon auf einem qualitativ nicht mehr überbietbaren Stand. Die abgebildeten Ammoniten stammen aus den Schichten des Mittl. Jura (Callov; QUENSTEDTS Braunjura ζ).

Thierscene aus der Juraperiode.

Bild 16. Bewohner der Jurameere und ihrer Ufer, auf einen kleinen Raum zusammengedrängt und nach allen Richtungen in voller „Lebensthätigkeit". Holzschnitt aus den „Geologischen Bildern" von Bernhard von COTTA (1871). Die Ammoniten freilich sind hier unterrepräsentiert; bevorzugt wurden die aufsehenerregenden Reptilien.

Frühere rekonstruierende Darstellungen der ausgestorbenen Lebensformen zeigten bedauerlicherweise nur selten Schaltiere wie Ammoniten usw., bevorzugt wurden spektakuläre Reptilien und Großsäuger usw. Immerhin erkennen wir auf Bild 16 einige – wenn auch von der Spiralform her mißratene – Ammoniten und/oder Nautiliden.

# Das Gehäuse

## Allgemeines

Im Grunde ist das Gehäuse die räumliche Spur der während des Wachstums wandernden Mündung. **Grundform der meisten Ammonitengehäuse** und zugleich auch die ursprünglichste, entwicklungsgeschichtlich älteste Form **ist die Spirale**: Die frühesten Ammonitengehäuse, die wir kennen, sind bereits spiralig eingerollt. – Dagegen liegt der Ursprung der Nautiliden bei leicht gekrümmten Formen (Ellesmoceraten). – Und solange die Gruppe der Ammoniten existiert, begegnet man bei ihr auch der Spiralform, abgewandelt in zahlreichen Varianten unter Veränderung der Gehäuseform, des Windungsquerschnittes und der verschiedenen Skulpturelemente (Devon, 17; Karbon, 18; Trias, 19; Jura, 20; Kreide, 21).

Die Zahl der Kammern bei erwachsenen Ammonitentieren beträgt je nach Art zwischen 40 und 150, wobei die Länge der Wohnkammer zwischen einer und eineinhalb Windungen liegt. Die Windungszahl ist ebenfalls sehr variabel. Manche Zwergformen haben im ausgewachsenen Zustand nur 3½ Windungen, andere, enggerollte Arten haben mehr als 12 Windungen.

Ob das Gehäuse einem erwachsenen (adulten) Tier gehörte, erkennen wir, gute Erhaltung vorausgesetzt, an verschiedenen Merkmalen: Wohnkammerlänge, Skulpturveränderung (meist unter Abschwächung) bis zum Wegfallen aller Skulpturelemente, Ausbildung von „Ohren“ (Mündungsapophysen) und auch an Lobendrängung vor der Wohnkammer. Diese Merkmale sind natürlich nicht alle bei allen Arten gleichermaßen deutlich ausgeprägt; bei der einen ist es die Lobendrängung, bei der anderen die Skulpturänderung usw. Um herauszufinden, welches Merkmal am deutlichsten den Wachstumsstand angibt, muß man möglichst viele Exemplare einer Art anschauen und vergleichen.

Bei den meisten Arten stehen bei ausgewachsenen Exemplaren die Lobenlinien vor der Endwohnkammer dichter als in den früheren Wachstumsstadien (sekundäre **Lobendrängung** [22]; von primärer Lobendrängung sprechen wir bei echtem Zwergwuchs). Interessanterweise ist die Lobendrängung bei männlichen Tieren oft auf die letzten 2 oder 3 Loben beschränkt; die Abstände sind dann aber stark reduziert – im Extremfall betragen sie nur ¼ des Normalabstandes.

Bei weiblichen Exemplaren der gleichen Art kann die Lobendrängung zahlreiche Septen erfassen (bis zu 20), wobei jedoch der geringste Abstand nicht unter ⅔ des Normalabstandes geht.

Lobendrängung kann aber auch bedingt sein durch ungünstige Umweltbedingungen oder Krankheit, jedenfalls also durch Faktoren, die das Wachstum beeinflussen. Auch Schalenfrakturen können Lobendrängung nach sich ziehen.

Mißt man am Gehäusequerschnitt die einzelnen Windungen, so erhält man Werte (Parameter), deren Vergleich „allometrisches“ Wachstum belegt: Gehäusedurchmesser, Nabelweite und Windungsbreite nehmen zwar kontinuierlich, aber unterschiedlich stark zu. Beim Erreichen des Adultstadiums kommt es

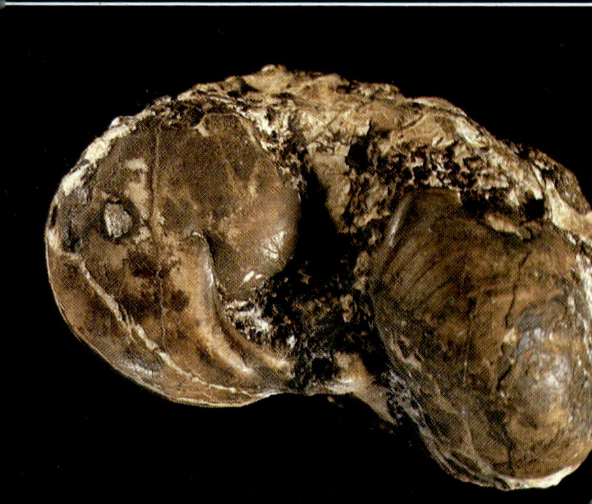

plötzlich zu einem „Wachstumsknick“, das heißt, alle Parameter ändern sich gleichzeitig, aber nicht gleichwertig. Dieser Änderungswert ist errechenbar und gilt als weitgehend artkonstant. Damit hat man auch ein gutes Mittel in der Hand, um Zwergformen zu erkennen, deren Trennung von normalwüchsigen Jugendformen (163) ohne Nachweis dieses „Wachstumsknicks“ mitunter nicht einfach ist.
Der in vielen Lehrbüchern abgebildete größte, einigermaßen komplette Ammonit gehört der Art *Parapuzosia seppenradensis* (LANDOIS) an und mißt stolze 2,10 m. Er stammt aus der Ob. Kreide (Unt. Campan) Westfalens. Größere Formen sind denkbar, bisher aber nicht nachgewiesen.

| | |
|---|---|
| 17 | 20 |
| 18 | 21 |
| 19 | |

Bild 17. *Platyclymenia walcotti* WEDEKIND, ein Ammonit aus dem Devon (Famenne, „*platyclymenia*“-Zone) von Saoura (Marokko). Beschaltes Exemplar, wenig abgeschliffen durch Sandschliff; ca. 3,7 cm.

Bild 18. Karbonische Ammoniten: *Beyrichoceras obtusum* (PHILLIPS), aus dem Unt. Karbon von Menden bei Dortmund. Größeres Exemplar ca. 7,3 cm.

Bild 19. *Arcestes* sp. aus der Alpinen Trias (Karn, Hallstätter Kalk) von Kainisch (Steiermark). Beschalte Exemplare; gut erkennbar die Mündung; ca. 3 cm.

Bild 20. *Kepplerites gowerianus* (SOWERBY), Juraammonit von Dehme an der Porta Westfalica (Mittl. Jura, Unt. Callov). Kräftig berippte Art; ca. 8 cm.

Bild 21. Schwach skulptierte und mit Einschnürungen versehene Form: *Zurcherella zurcheri* (JACOB) aus der Unt. Kreide (Ob. Apt). Rotenberg bei Ochtrup. Ca. 17,5 cm.

Bild 22 (ganz oben). Ammonit mit beginnender Lobendrängung vor der Endwohnkammer; das Tier war vermutlich fast ausgewachsen. *Hildoceras semipolitum* BUCKMAN, Unt. Jura (Unt. Toarc); Le Clapier bei Lodève, Südfrankreich; ca. 3 cm.

Bild 23. *Coroniceras rotiforme* (SOWERBY) aus der Familie der Arietitidae. Unt. Jura (Unt. Sinemur, Schwarzjura α 3, *bucklandi*-Zone, *rotiforme*-Subzone); Ofterdingen bei Tübingen (Württ.). Ca. 10,5 cm.

**Großwüchsige Ammoniten** mit Durchmessern bis zu 60 cm treten aber bereits im Paläozoikum auf. In den Schichten der Ob. Alpinen Trias stoßen wir ebenfalls auf eine auffallend große Art: Es ist *Pinacoceras metternichi* (HAUER), eine oxycone Form, die immerhin bis ca. 80 cm Durchmesser erreicht. Zum Leidwesen der Sammler werden nur extrem selten komplette oder wenigstens einigermaßen vollständig erhaltene Exemplare gefunden.

Im Unt. Jura (Sinemur) Württembergs finden wir die berühmten „wagenradgroßen" Arieten (23). QUENSTEDT schreibt (1885): „... worunter vor allem eine Bank auffällt, die auf ihrer Oberseite mit solchen Riesenammoniten wie gepflastert erscheint, und bei unseren Bauern wohlbekannt den passenden Namen ‚Schneckenpflaster' erhielt." Etwas weiter im Text lesen wir über *Ammonites solarium*: „Ich möchte sie den Stolz unserer schwäbischen Liasbänke nennen: denn man denke sich eine centnerschwere Scheibe von 0,6 m Durchmesser mit 19 cm Rückenbreite..." – Sammlertraum!

Im Ob. Jura stoßen wir auf großwüchsige Perisphincten, auch bis zum stattlichen Durchmesser von knapp einem Meter. Und nicht wenige riesenwüchsige Arten enthalten vor allem auch die Kreidegesteine. Wir wissen davon und bewundern sie in den Museen – und das muß in der Regel genügen: Hier sind dem Sammlerehrgeiz Grenzen gesetzt!

Die sehr seltenen **Zwergformen** stellen durch Umwelteinflüsse größenreduzierte „Ausgaben" der Normalformen dar und sind, wie bereits dargestellt, an bestimmten Merkmalen erkennbar (z. B. an primärer Lobendrängung). Ausgewachsene Exemplare **kleinwüchsiger Arten** erreichen um 2 cm Durchmesser – gegenüber den Riesen von vorhin recht bescheiden! Die ausgewachsenen Exemplare dürften bei der Mehrzahl der Ammonitenarten Gehäusegrößen zwischen 2 und 20 cm erreicht haben. Bei der Sichtung seiner Funde muß der Sammler allerdings immer bedenken, daß die meisten Exemplare nicht vollständig überliefert sind: Die Wohnkammer oder sogar Teile des Phragmokons fehlen fast immer. Somit dürfte die Durchschnittsgröße der Sammlungsstücke zwischen 2 und 10 cm liegen.

## Fachausdrücke

Was wir als „Ammoniten" in den Händen halten, entspricht immer den Schalenresten des ehemaligen Tieres, also dem Gehäuse bzw. dessen Ausguß (Steinkern). Bevor wir uns mit Gehäuseform und -funktion beschäftigen, müssen wir die zur Kennzeichnung und Beschreibung üblichen Fachwörter („Terminologie") kennenlernen. Nur wenn man sie versteht, wird man den ganzen Nutzen aus diesem wie auch anderen Büchern und Schriften über Ammoniten ziehen können. Es geht also im folgenden um die **Terminologie des Ammonitengehäuses**, wobei die für Gehäuseform, Einrollung, Mündung usw. ganz speziell entwickelten Termini in den entsprechenden Abschnitten erläutert werden (siehe auch 24).

**Wohnkammer** heißt der ungekammerte Teil des Gehäuses, in dem der Weichkörper des Tieres steckt, während der gekammerte Teil **Phragmokon** genannt wird. Die Trennwände, die ihn in die Gaskammern unterteilen, werden als Kammerscheidewände oder **Septen** bezeichnet. Das äußerste, d. h. zuletzt gebildete Septum bezeichnet den Beginn der Wohnkammer. Die von den Septen am Kontakt mit der Schale erzeugte Linie ist die **Lobenlinie** oder **Sutur** (lat. = Naht; 76, 82; s. S. 55 ff.).

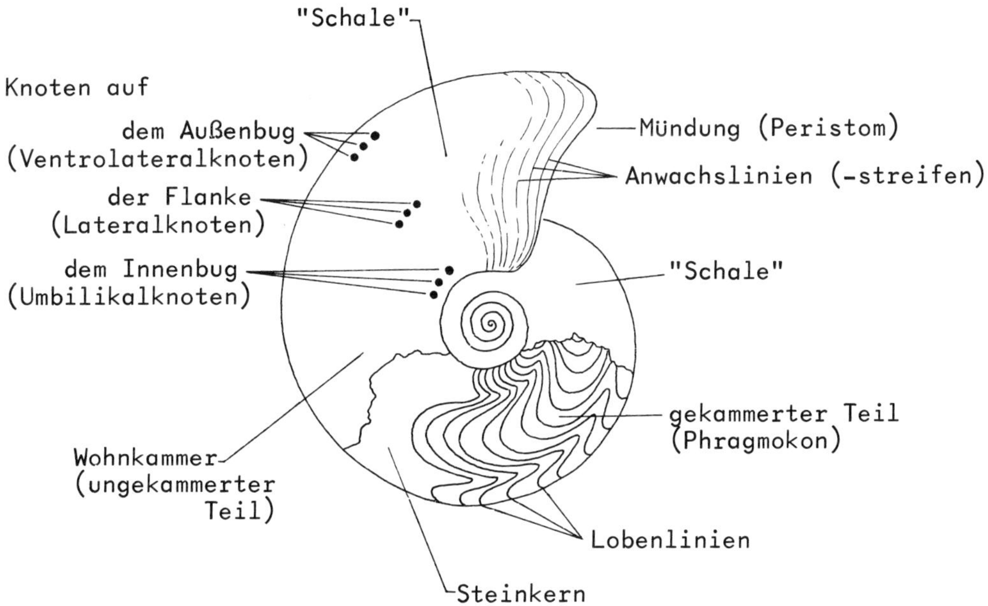


Bild 24. Gehäuseterminologie (nach „Treatise")

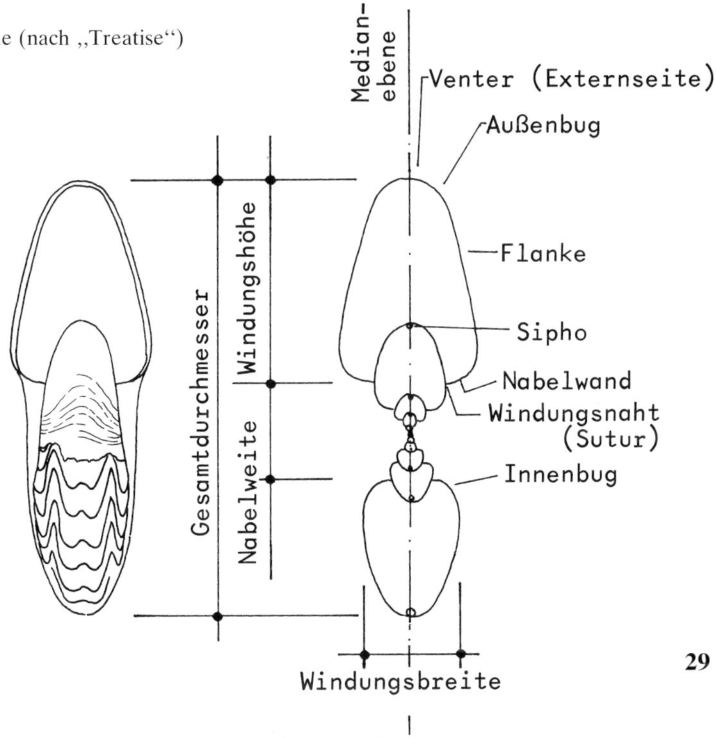

Der vordere Gehäuserand wird **Mündung**, Mundrand oder Peristom genannt (54; s. Abschnitt „Mündung"). Der Ausguß des Gehäusehohlraumes heißt **Steinkern**. Unter **Schale** verstehen wir der Einfachheit halber das, was vom Gehäuse – in welcher Zusammensetzung auch immer – übriggeblieben ist (s. Kapitel „Erhaltung und Überlieferung"). Die Schale kann in verschiedenster Weise skulptiert sein: Die Möglichkeiten reichen vom praktisch glatten Gehäuse über solche mit Anwachsstreifen bis hin zu hochkompliziert skulptierten Formen. Zur **Skulptur** gehören auch die Rippen und die an unterschiedlichen Stellen auf dem Gehäuse sitzenden Knoten oder Stacheln (s. Abschnitt „Skulptur").

Der Großteil aller Ammonitengehäuse ist planspiral eingerollt und bilateral-symmetrisch ausgebildet – d.h., alle Windungen haben eine gemeinsame **Symmetrieebene**, die **Medianebene** (25). Einen Ammoniten in der Medianebene anzuschleifen, gelingt nur im Idealfall. Normalerweise liegt der Anschliff, bedingt durch ungenaues Arbeiten, leicht schräg oder auch vor oder hinter der Medianebene.

Alle von der „normalen", planspiralen Windungsform abweichenden Gehäusetypen werden als **heteromorphe** Gehäuseformen zusammengefaßt (44). Früher wurden diese entrollten Formen auch „aberrant", also „abirrend" genannt (s. Abschnitt „Form").

Ein Ammonitengehäuse besteht aus einer irgendwie aufgerollten oder gewundenen Röhre. Der Querschnitt der Röhre wird **Windungsquerschnitt** genannt (29, 42; s. Abschnitt „Form"). Beim Windungsquerschnitt (WQ) unterscheidet man zwischen **Flanken** und **Venter** (Externseite) (24, 43).

Früher wurde statt von **Venter**, was lateinisch ist und Bauch heißt, vom „Rücken" gesprochen; QUENSTEDT (1885): „Man hat daher in der Übereilung gleich die Nomenklatur umgedreht, und an der Schale Bauch genannt, was seit Jahrhunderten Rücken hieß." Bei vielen Sammlern ist auch heute noch statt Venter „Rücken" im Gebrauch, und da wohl ein jeder weiß, was gemeint ist, schadet das nicht.

Korrekt müßten wir – ausgehend von einem gedachten Urmollusken – den Trichter als abgewandelten Fuß betrachten und dementsprechend die Gehäusemündung als „Bauchseite" bezeichnen (ventral), die Außenseite als „hinten", die Wohnkammerrückwand als „Rükken" (dorsal) und die Innenseite als „vorn". Ähnlich QUENSTEDT verzichten wir im Augenblick auf entsprechende Korrekturen zugunsten einer eingeführten und einheitlichen Sprachregelung – mag sein, daß die Zukunft auch hier ändern wird!

Der Bereich zwischen Venter und Flanke wird als **Außenbug**, Externkante oder Marginalkante bezeichnet. Den zur nächstinneren Windung abfallenden Teil nennen wir **Nabelwand** und die durch die Nabelwand auf der nächstinneren Windung gebildete Linie **Windungsnaht** oder Nabelsaum.

Zwischen Nabelwand und Flanke liegt der **Innenbug** (Internkante, Nabelkante). Eine scharfe Trennung der Bereiche Venter, Außenbug, Flanke, Innenbug und Nabelwand ist nicht möglich – man stelle sich nur den Extremfall eines kreisrunden WQ vor!

In der Mitte des Venters kann ein **Kiel** sitzen. Ist er zum Gehäuseinneren hin offen, spricht man vom offenen Kiel oder Hohlkiel (66, 67; s. Abschnitt „Skulptur"). Der Kiel kann von Kielfurchen begleitet sein (42, 43). Auf der Flanke zeigen einige Formen (z.B. *Hildoceras*, 22, 26) eine Spiralfurche (Flankenfurche), die die Skulptur in der Regel unterbricht.

Der **Sipho** ist ein fossil häufig erhaltener, ur-

Bild 25. Medianschliff durch einen Ammoniten (*Macrocephalites sp.*). Wir erkennen die teilweise Sedimentverfüllung der Kammern (grau) und die anderen auskristallisierten Kammern sowie den Sipho. Mittl. Jura (Unt. Callov); Dehme an der Porta Westfalica. Höhe des äußersten Umganges ca. 2 cm.

Bild 26 (unten). *Hildoceras angustisiphonatum* (Prinz) aus dem Unt. Jura (Unt. Toarc) von Le Clapier bei Lodève (Südfrankreich). Pyritisiertes Exemplar mit verdrückter Wohnkammer; ca. 8,2 cm.

sprünglich häutiger Strang; er verbindet die Wohnkammer mit allen innenliegenden Kammern (s. Kapitel „Siphonalapparat") und ist im Quer- und Medianschliff häufig erkennbar (25).
Der größte meßbare Durchmesser eines Gehäuses wird als **Gesamtdurchmesser** bezeichnet; die **Nabelweite** wird auf der Linie des größten Durchmessers von Naht zu Naht gemessen. Die **Windungshöhe** entspricht der Strecke von der Windungsnaht bis zum höchsten Punkt der Externseite, die **Windungsbreite** der größten auf dem Windungsquerschnitt gemessenen Breite (24, 43). Nabelweite, Windungshöhe und -breite werden immer auf einen bestimmten Durchmesser bezogen und lassen sich in Verhältniszahlen ausdrükken.

## Schale

Die diagenetische Veränderung (Diagenese = Gesteinsbildung) der Gehäuseschale ist wohl nur selten so geringfügig, daß Untersuchungen des ursprünglichen Aufbaues möglich sind. Beim lebenden Tier war die Schalensubstanz Aragonit, der aber während der Fossildiagenese infolge der leichten Löslichkeit verschwand oder durch den stabileren Calcit ersetzt wurde.

Bild 27 (ganz oben). Perlmuttartige Schalenerhaltung, besetzt mit Markasitkristallen: *Beudanticeras cf. albense* (BRONGNIART) aus der Unt. Kreide (Ob. Alb) von Bully bei Neufchâtel (Pays-de-Bray, Frankreich). Mit 12,5 cm Durchmesser ein außergewöhnlicher Fund!

Bild 28. Einer der berühmten „Perlmuttammoniten" aus der Ob. Kreide von North Dakota (USA); die Schale glänzt je nach Lichteinfall rötlich, grünlich oder gelblich. *Discoscaphites conradi* (MORTON), Maastricht, Pierre Shale; ca. 5,2 cm.

Wir dürfen jedoch annehmen, daß der grundsätzliche **Aufbau** dem einer typischen Molluskenschale im großen und ganzen entsprach: Die äußerste Schicht war das Periostrakum, ein organischer Überzug. Darunter folgte eine dreilagige Perlmuttschicht aus äußerer Prismenschicht, eigentlicher Perlmuttschicht und innerer Prismenschicht. – Ammoniten mit erhaltener – wenn auch veränderter – Perlmuttschicht gehören zu den begehrtesten Sammelstücken (27, 28). – Die Röhre wurde von der sogenannten Kammermembran ausgekleidet. Hohlräume wie z. B. der Hohlkiel, scharf abgesetzte Knoten oder Dornen waren durch die innere Prismenschicht gegen das Röhreninnere abgetrennt. Winzige Runzeln konnten die innere Prismenschicht zur **Runzelschicht** abwandeln, was wohl einer besseren Muskelhaftung diente.

**Conellen** werden die kleinen Calcit-Pyramiden oder Kegel genannt, die vor allem an Hohlkielen, auch an Hohlstacheln auftreten (67). Es handelt sich dabei um Lösungsrückstände, entstanden aus der inneren Prismenschicht, die an dieser Stelle eine besondere Kristallanordnung und Form hatte. Es war QUENSTEDT, der die Bezeichnung „Conellen" im Zusammenhang mit dem von ihm entdeckten Hohlkiel prägte.

Bei den meisten Ammoniten war an den Kontaktstellen der Windungen die Schale nicht doppelwandig ausgebildet; lediglich die innere Prismenschicht der Folgewindung wird über dem Venter der innenliegenden Windung gebildet, z. B. als Runzelschicht. Überall vollwandigen Bau zeigen die Formen der Lytoceratina.

Ammonitengehäuse können noch Reste der **Originalfärbung** zeigen. Solche Funde sind natürlich sehr selten, am häufigsten noch in Tonen. In den meisten Fällen handelt es sich dabei um spiralig verlaufende Streifen, seltener um Radialstreifung. Bekannt sind solche Schalenfärbungen z.B. von *Amaltheus, Androgynoceras* und *Tragophylloceras* (braune Spiralstreifen auf weißem Grund), von *Leioceras* und *Asteroceras* (weiße Spiralstreifen auf braunem Grund) und von *Pleuroceras* (Radialstreifen).

## Form

Ein Ammonitengehäuse besteht, einfach ausgedrückt, aus einer Röhre, die im Durchmesser zunimmt und teilweise gekammert ist. In der Regel ist diese Röhre in einer Ebene spiralig aufgerollt, wobei die einzelnen Windungen oder Umgänge einander wenigstens berühren, meist aber mehr oder weniger umfassen (29). Wir sprechen hierbei von planspiralen (bilateral-symmetrischen) Gehäuseformen, im Gegensatz zu den unten behandelten heteromorphen Formen.

Kennzeichen der planspiralen Gehäuseformen ist eine halbierende Symmetrieebene (Me-

Bild 29. Planspirale Gehäuseformen (nach „Treatise")

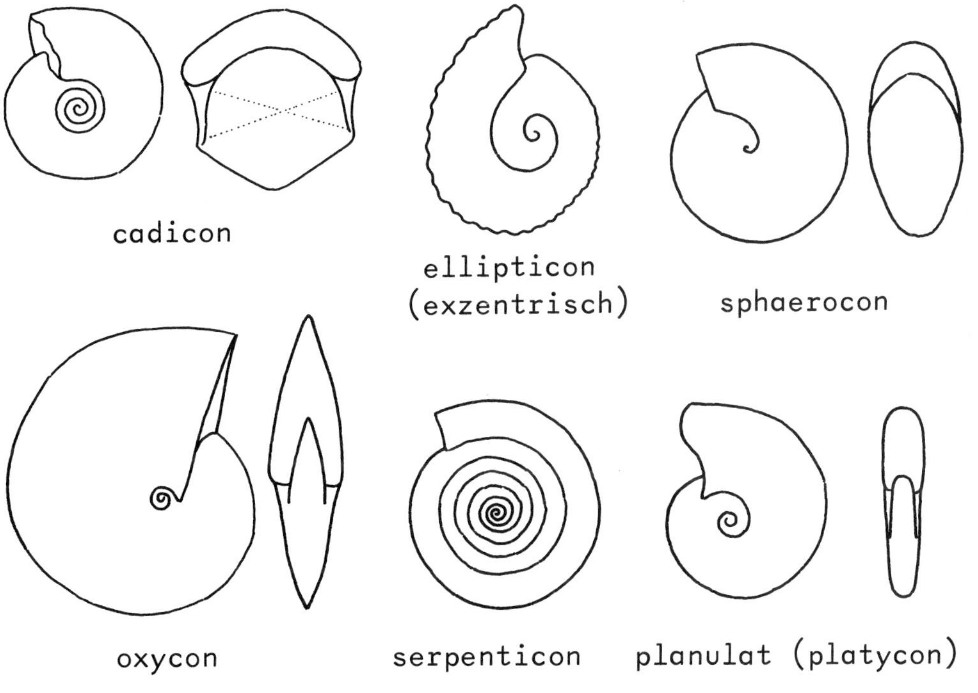

dianebene) (24) sowie das Zusammenhängen aller Umgänge. Planspiral eingerollte Formen, deren Umgänge keine Verbindung haben („lose Spirale"), werden zu den heteromorphen oder „entrollten" Ammoniten gestellt (z.B. *Spiroceras*, 30; *Parapatoceras*, 31; *Emericiceras*, 32).

Je nach Grad der Windungsumfassung und der Einrollung sprechen wir bei den normal aufgerollten Ammoniten von folgenden Typen (29, 33):

**Involut**: Die Windungsumfassung ist groß, wodurch die Nabelweite in der Regel gering bleibt („engnabelig"; 34, 71). Ausnahmen sind möglich bei extrem hohem Windungsquerschnitt. Gehäuse mit kugeliger Form und sehr engem oder gar verdecktem (128) Nabel werden **sphaerocon** genannt (127).

**Evolut**: Die Windungen umfassen einander nicht oder nur wenig, was zu beträchtlichen Nabelweiten führt („weitnabelig", z.B. *Lytoceras*, 36). Wir unterscheiden folgende untergeordnete Typen: a) **advolut**: Die Windungen berühren einander gerade noch (90); b) **ser-**

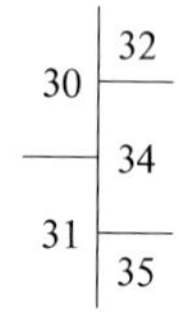


Bild 30. Heteromorpher oder entrollter Ammonit aus dem Mittl. Jura. *Spiroceras orbignyi* (Baugier & Sauzé), Ob. Bajoc (Dogger δ, *subfurcatum*-Zone); Eningen unter Achalm (bei Reutlingen, Württ.). Ca. 3 cm.

Bild 31. *Parapatoceras distans* (Baugier & Sauzé), „Doggerheteromorpher" aus dem Mittl. Jura (Unt. Callov) von Dehme an der Porta Westfalica. Das einzige von dieser Fundstelle bekannte Stück, darüber hinaus eine präparatorische Meisterleistung von Kurt Lenzer! Ca. 6 cm.

Bild 32. *Emericiceras emerici* (Leveille), heteromorpher (crioconer) Ammonit aus der Unt. Kreide (Barreme) der Basses Alpes (Rougon bei La Palud, Frankreich); ca. 13 cm.

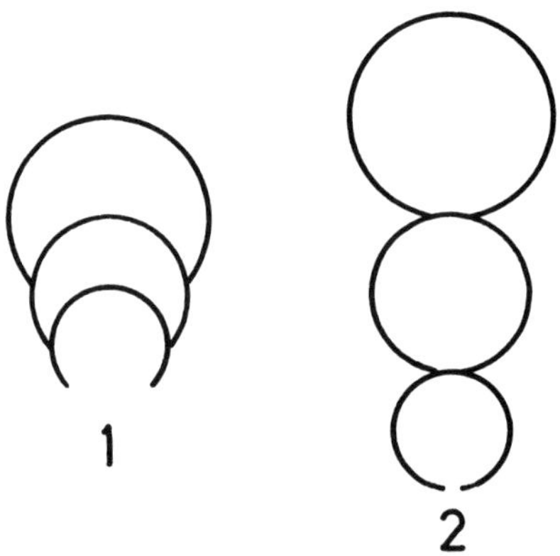


Bild 33 (links). Einrollung bei Ammonitengehäusen.
1 involut: Windungsumfassung stark, Nabel eng oder verdeckt (sphaerocon: Gehäuseform kugelig, Nabel sehr eng oder verdeckt).
2 evolut: keine oder nur geringe Windungsumfassung, Nabel meist weit.

Bild 34. Engnabelige und hochmündige Gehäuseform. *Streblites tenuilobatus* (Oppel), Ob. Jura (Unt. Kimeridge, Weißjura γ 2); Staffelberg bei Staffelstein, Oberfranken; ca. 5,6 cm.

Bild 35. Kugelige Gehäuseform mit engem Nabel, entsprechend niedrigmündig. *Morrisiceras sphaera* Buckman; hervorragend erhaltenes „beschaltes" Exemplar aus dem Mittl. Jura (Mittl. Bathon, Braunjura ε) von Neumarkt, Oberpfalz; ca. 6,8 cm.

**penticon** (lat. serpens = Schlange): zahlreiche einander gerade berührende oder nur wenig umfassende Windungen (37); c) **planulat** oder **platycon**: mäßig evolut, mit hohem Windungsquerschnitt („hochmündig“), gerundetem Venter und flachen Flanken (38). Im Schwäbischen wird, QUENSTEDT folgend, heute noch von den „Planulaten“ gesprochen; gemeint sind entsprechende Formen des Ob. Jura.

Einige weitere typische Gehäuseformen folgen:

**Ellipticon**: Die letzte Windung ist ganz oder zum Teil elliptisch geformt (39, 146). **Cadicon**: Mehr oder weniger evolut und weitnabelig, jedoch mit niedrigem WQ („niedrigmündig“, 40). **Oxycon**: Scheibenförmig mit schmalem und hohem WQ, scharfem Venter und engem, punktförmigem Nabel („diskusförmig“, 41, 71).

Verständlicherweise ist die **Umfassung** in manchen Fällen nicht eindeutig zu beschreiben. Wir behelfen uns dann mit „mäßig evolut“ oder „mäßig involut“. In Extremfällen kann ein Gehäuse je nach Wachstumsstadium involut oder evolut sein.

Eine kurze Erläuterung der für die Beschreibung des Windungsquerschnittes wichtigen Begriffe entnehmen wir dem Abschnitt „Fachausdrücke“. Von „niedrigmündigen“ Querschnitten sprechen wir, wenn der WQ breiter

Bild 36. Evolute (weitnabelige) Gehäuseform, die Windungen berühren einander gerade noch. *Lytoceras cornucopia* (YOUNG & BIRD), Unt. Jura (Unt. Toarc); Causses bei Mende, Südfrankreich; ca. 8 cm.

Bild 37. Serpenticones Gehäuse, weitnabelig mit zahlreichen Windungen. *Vermiceras scilla* (REYNES), Unt. Jura (Unt. Sinemur, Schwarzjura α 3, *bucklandi*-Zone); Tuningen, Württ.; ca. 6 cm.

Bild 38. Planulate Gehäuseform, mäßig hochmündig, gerundeter Venter und abgeflachte Flanken. *Parataxioceras inconditum* (FONTANNES), Ob. Jura (Unt. Kimeridge, Weißjura $\gamma$ 1, *platynota*-Zone); Tailfingen, Württ.; ca. 7,6 cm.

Bild 39. Ellipticone Gehäuseform, die letzte Windung weicht von der regelmäßigen Spiralform ab. *Kheraiceras cf. cosmopolitum* (PARONA & BONARELLI), Mittl. Jura (Callov); Westfrankreich; ca. 6,5 cm.

Bild 40. Cadicones Gehäuse, weitnabelig und niedrigmündig. Jugendlicher Makrokonch von *Quenstedtoceras cf. vertumnum*, Mittl. Jura (Ob. Callov) von Popilany, Litauen; ca. 4,7 cm.

Bild 41. Oxycones Gehäuse, engnabelig, scharfer Venter, hochmündig; „diskusförmig". *Oxynoticeras oxynotum* (QUENSTEDT), Unt. Jura (Ob. Sinemur, Schwarzjura $\beta$); Schömberg bei Balingen, Württ.; ca. 5 cm.

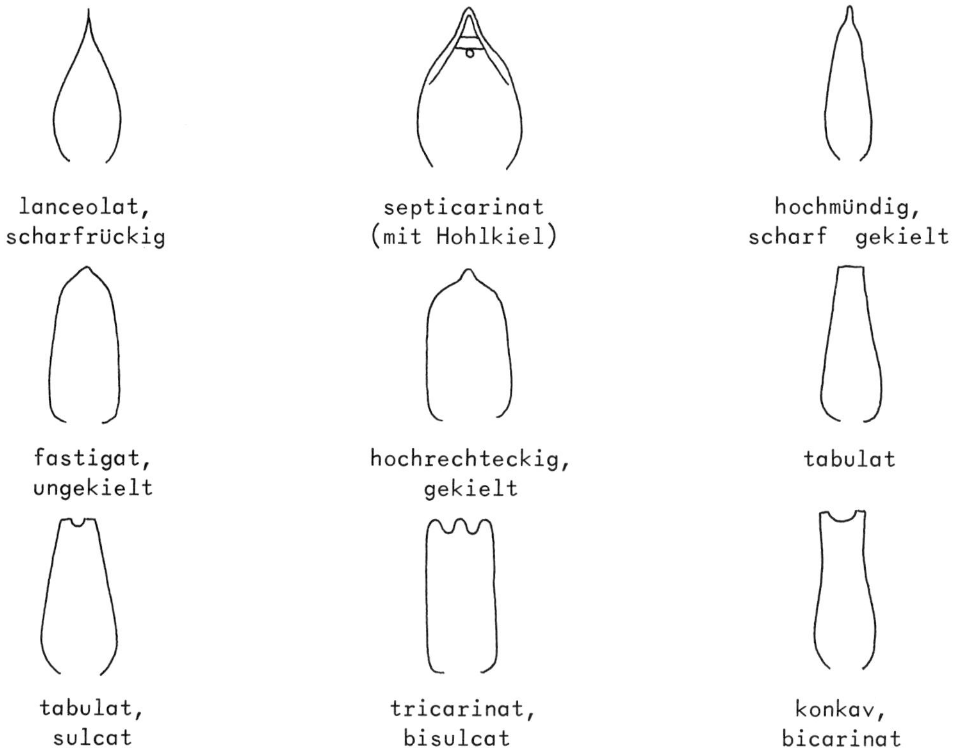


Bild 42. Windungsquerschnitte (nach „Treatise“)

als hoch ist, von „hochmündigen“ Querschnitten im umgekehrten Fall. In der englischsprachigen Literatur sagt man „depressed“ und „compressed“. Die Artnamen *depressus* und *compressus* wurden gerne als entsprechende Kennzeichnung vergeben.

Zahlreiche Bezeichnungen beschreiben die **Form des Windungsquerschnittes**. Die meisten bedürfen keiner weiteren Erläuterung: rund, nierenförmig, hoch- und breitrechteckig, quadratisch, dreieckig, trapezförmig (trapezoid), breittrapezförmig usw., elliptisch (ellipsoid), breitelliptisch usw. Logischerweise setzen wir auch bei quadratischen, rechteckigen usw. Querschnitten voraus, daß sie ohne Ecken sind.

Von **lanceolatem** (oder lanzettlichem, also scharfrückigem) WQ sprechen wir bei zugeschärftem, ungekieltem Venter. Als **fastigat** bezeichnen wir einen ungekielten, auf dem

Außenbug geknickten WQ (dach-, spitzbogenförmig).
Bei abgeflachtem Venter sprechen wir von **tabulat**; wenn eine Furche in Ventermitte dazukommt, von **sulcat**. Beim **tricarinaten** und **bisulcaten** WQ („dreifach gekielt und zweifach gefurcht“) beobachten wir 2 Furchen beiderseits des in Ventermitte verlaufenden Kiels. Konkav und bicarinat ist ein WQ bei gerundeter Eintiefung des Venters und beidseitigen außenliegenden „Kielen“. Zu all diesen Bezeichnungen vgl. Bild 42.
Unter dem Begriff **heteromorphe Ammoniten** werden alle die Formen zusammengefaßt, die

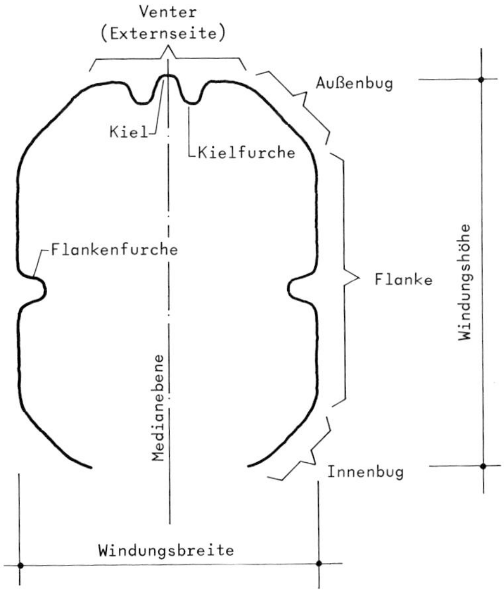


Bild 43. Terminologie des Windungsquerschnitts

Bild 44 (unten). Heteromorphe Gehäuseformen (nach „Treatise“)

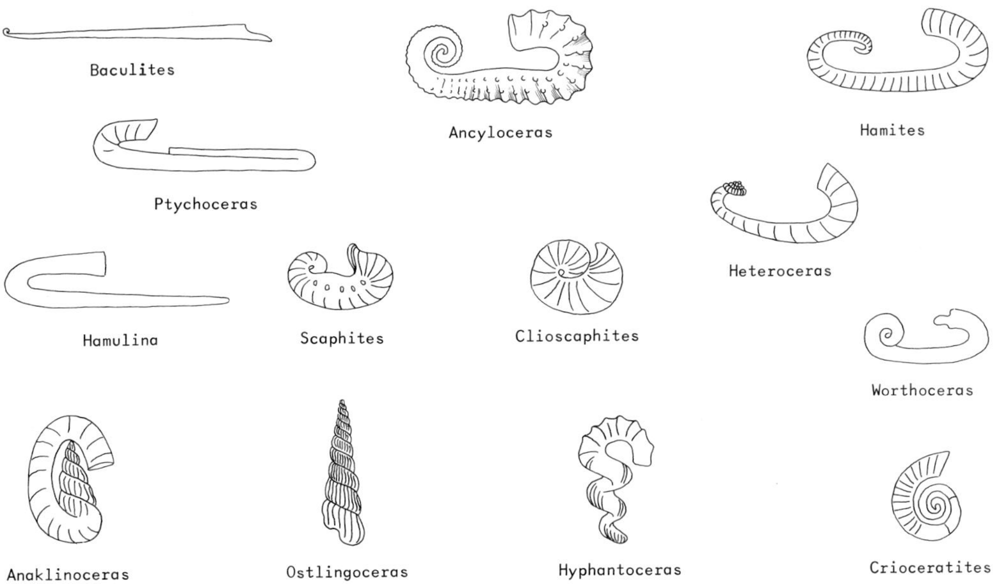

von der üblichen planspiralen Windungsform abweichen bzw. deren (planspiral gewundene) Umgänge einander nicht berühren (*Spiroceras*, 30; *Parapatoceras*, 31; *Emericiceras*, 32; *Allocrioceras*, 45).
Der Ausdruck „heteromorph" (griechisch = anders, verschiedengestaltig) deutet die bei dieser Gruppe teilweise stark von der „Normalspirale" abweichende Form an, wobei allerdings die ersten Windungen durchaus planspiral sein können (z.B. bei *Macroscaphites*). Wir sprechen auch von „entrollten" Formen

Bild 45. Toxocone Gehäuseform. *Allocrioceras ellipticum* (Mantell), Ob. Kreide (Turon); Teutoburger Wald; ca. 6,9 cm.

oder von „ammonitischen Nebenformen". Die Bezeichnung „aberrant" (lat. = abirren) sollte mit Vorsicht gebraucht werden, da sie wenigstens teilweise auf die Überlebensfähigkeiten der Gruppe bezogen sein dürfte; und wie wir im Kapitel „Stammesgeschichte" sehen werden, waren die heteromorphen Typen ihrer Umwelt sehr wohl angepaßt und durchaus lebenstüchtig, auch über geologisch längere Zeiträume. Früher glaubte man, aus dem hauptsächlichen Auftreten dieser Formen während der Kreide, also unmittelbar vor dem Aussterben, auf Degeneration schließen zu können.
Die kreidezeitlichen Heteromorphen zeigen als typische Merkmale **vierlobige Primärsutur** (s. Abschnitt „Septen und Lobenlinie") und entrolltes Gehäuse. Inwieweit es berechtigt ist, bei Formen wie *Douvilleiceras* (46), *Pseudothurmannia* (47), *Paraspiticeras* oder *Deshaye-*

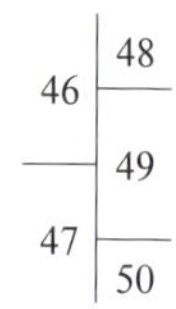


Bild 46. *Douvilleiceras mammillatum* (Schlotheim), Unt. Kreide (Unt. Alb; Bully bei Neufchâtel, Pays-de-Bray, Frankreich. Stammesgeschichtlich zu den Heteromorphen (Ordnung Ancyloceratida) gehörige, jedoch wieder eingerollte Form. Schalenerhaltung; ca. 6 cm.

Bild 47. Zu den Kreideheteromorphen gehörende Art. *Pseudothurmannia angulicostata* (Orbigny), Unt. Kreide (Ob. Hauterive, *discofalcatus*-Zone); St. André-les-Alpes, Basses Alpes (Frankreich); ca. 7 cm.

Bild 48. Ancylocone Gehäuseform. *Ancyloceras sp.*, Unt. Kreide (Barreme); Basses Alpes, Frankreich; ca. 7 cm.

Bild 49. Scaphiticone Gehäuseform. *Hoploscaphites sp.*, Ob. Kreide (Pierre Shale); Red Bird, Wyoming, USA; ca. 12 cm.

Bild 50. Hamulicone Gehäuseform, „Windungs"-Bruchstück eines hakenartigen Ammoniten. *Hamites attenuatus* Sowerby, Unt. Kreide (Alb); Wissant bei Calais (Frankreich); ca. 3,5 cm.

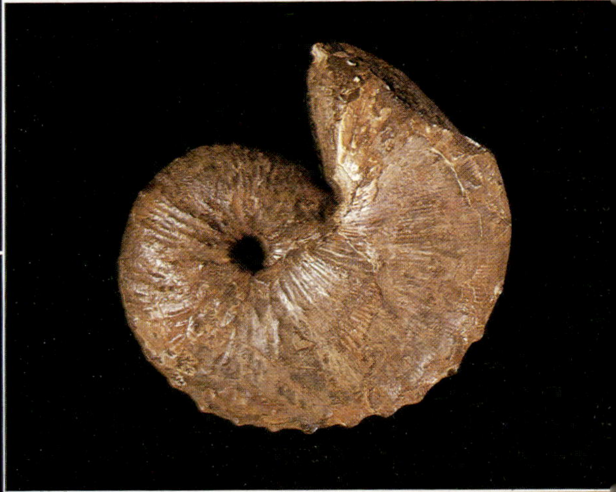

*sites* von Heteromorphie zu sprechen, bleibt fraglich: Zwar stammen sie sicher von eindeutig entrollten Formen ab (Primärsutur!), sind aber andererseits vollkommen wiedereingerollt.

Als **gyrocon** bezeichnen wir lose gerollte und nur aus einer Windung (oder wenig mehr) bestehende Formen. **Devolut** werden alle Formen mit einander nicht berührenden Windungen genannt. Von **toxocon** sprechen wir bei bogenförmig gekrümmten Formen (*Allocrioceras*, 45); von **orthocon** (stabförmig) bei langgestreckten Formen; von **baculicon** bei gestreckten Formen mit kleiner Anfangskrümmung (*Baculites*, 11); von **criocon** bei lose gerollten Formen (*Crioceratites, Emericiceras*, 32); von **ancylocon** bei lose gerollten, dann gerade verlaufenden und schließlich hakenartig zurückschwingenden Formen (*Ancyloceras*, 48); von **scaphiticon** bei normal eingerolltem Phragmokon, dann gerade verlaufender und zurückschwingender Wohnkammer (*Scaphites*, 12; *Hoploscaphites*, 49); von **hamulicon** bei hakenartigen Formen (*Hamites*, 44, 50), von **turriliticon** bei trochispiral (also turmartig) gewundenen Formen mit kontaktierenden oder freien Windungen (*Turrilites*, 51; *Hyphantoceras*, 52, 174); von **scaphitoid** bei enggerollten Formen mit scharfem Knick (*Oecoptychius*, 53). **Torticon** schließlich werden vollkommen unregelmäßige Formen genannt.

Bild 51. Turriliticone Gehäuseform, turmartig gewunden mit kontaktierenden Umgängen. *Turrilites costatus* LAMARCK, Ob. Kreide (Unt. Cenoman); Teutoburger Wald; ca. 8 cm (großes Exemplar); *T. cenomaniensis* SCHLÜTER; sonst wie T. costatus; ca. 5 cm.

## Mündung

Das Gehäusevorderende, also das offene Ende der Wohnkammer, heißt Mündung (**Peristom**). Die Vorderkante der Mündung wird als Mundrand bezeichnet. Da bei Ammoniten (wie auch bei allen anderen Mollusken) das

Bild 52. Turriliticone Gehäuseform, turmartig gewunden mit freien Umgängen (korkenzieherartig). *Hyphantoceras reussianum* (Schlüter), Ob. Kreide (Turon); Teutoburger Wald; ca. 19,4 und 12,3 cm. Meisterhafte Präparation durch Kurt Lenzer.

Bild 53. Scaphitoide Gehäuseform, eng gerollt mit scharfem Knick. *Oecoptychius refractus* (Reinecke), Mittl. Jura (Callov); Thouars (Westfrankreich); ca. 2 cm.

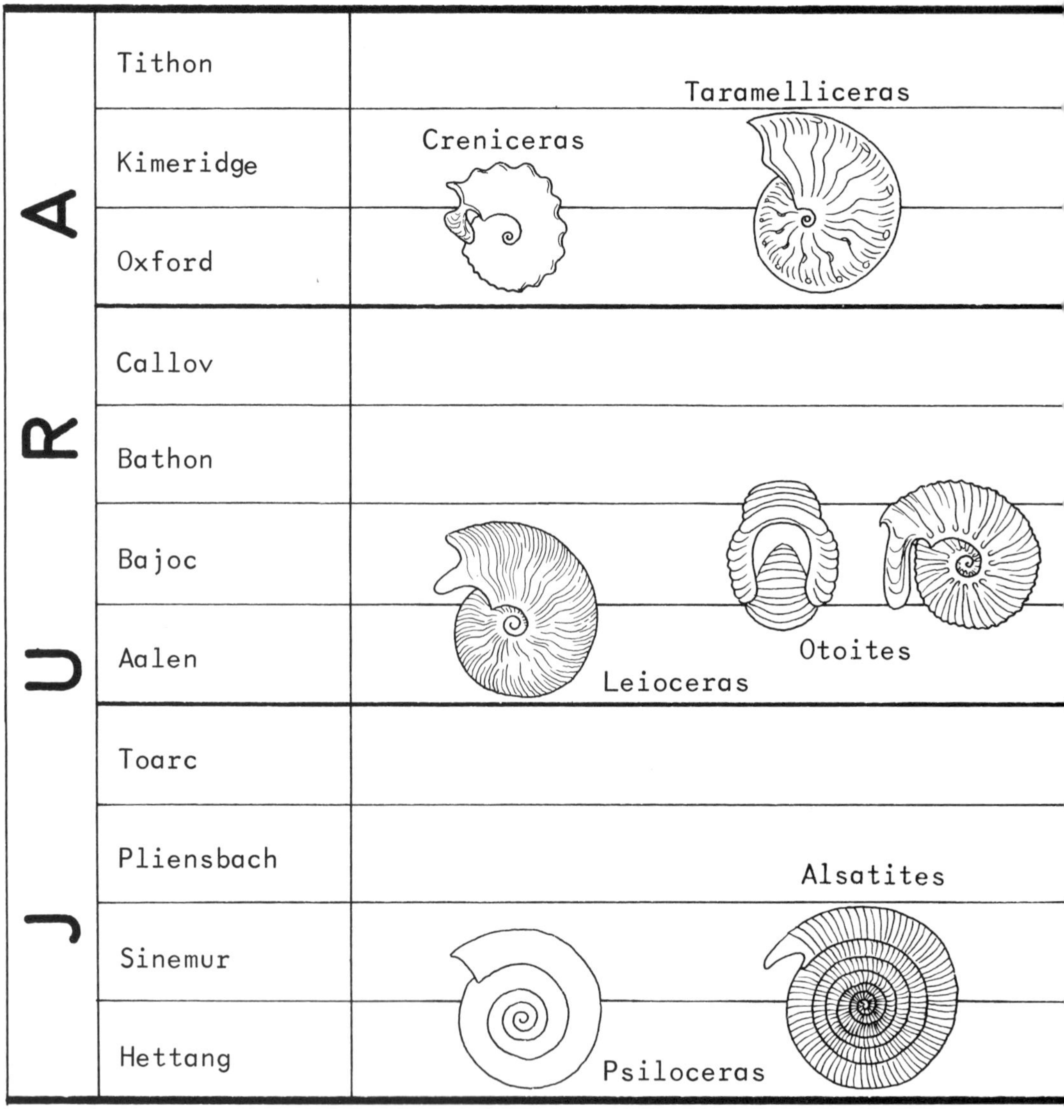
JURA
Tithon
Kimeridge
Oxford
Callov
Bathon
Bajoc
Aalen
Toarc
Pliensbach
Sinemur
Hettang
Taramelliceras
Creniceras
Otoites
Leioceras
Alsatites
Psiloceras

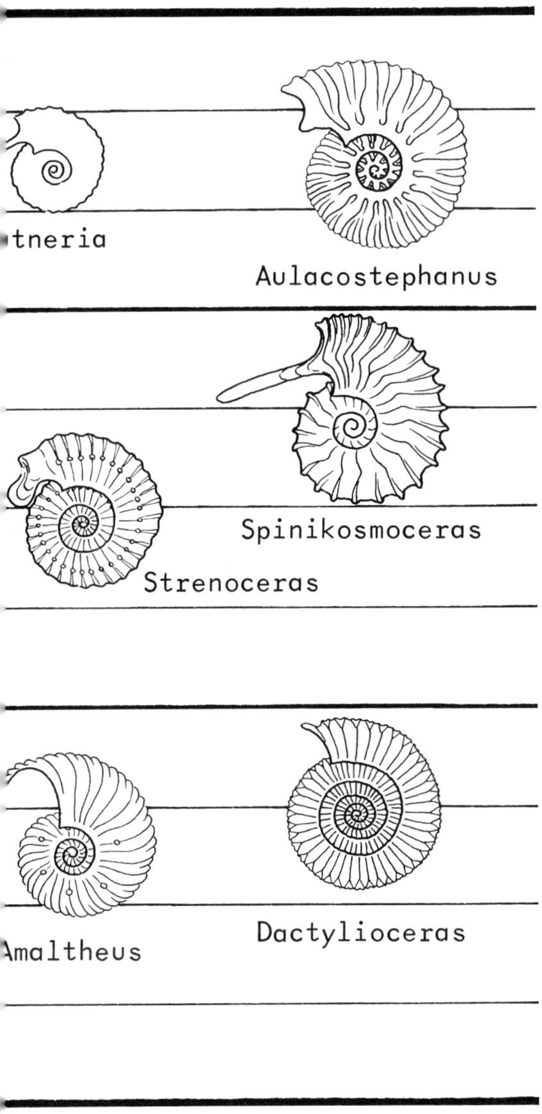


Wachstum mehr oder weniger schubweise ablief, zeigen die Anwachsstreifen (s. Abschnitt „Skulptur") die Form früherer Mundränder. Da die Mündung im Ventralbereich oft vorgezogen war (*Pleuroceras, Amaltheus*), sind die Anwachsstreifen im Bereich von Außenbug und Venter entsprechend vorgeschwungen.

Seitlich vorgeschwungene Mundränder werden durch entsprechend ausgebildete Anwachsstreifen im Flankenbereich angezeigt. Sogenannte **Parabelbildungen** stellen ebenfalls ehemalige Mundsäume dar und deuten auf **Wachstumsstillstand** hin. Zu beobachten sind sie vor allem bei Ammoniten des Ob. Jura (*Orthosphinctes, Ataxioceras*). Sie treten normalerweise nur im Jugendstadium auf. Rippen müssen nicht parallel zum Mundrand verlaufen.

Ausgesprochene Mündungsapophysen oder ganz einfach **Ohren** (mit dem Gehör hatte das natürlich nichts zu tun!) werden normalerweise erst an der Endwohnkammer ausgebildet, also dann, wenn das Tier ausgewachsen ist. Die bei einigen Vertretern der Perisphinctidae beobachtete wiederholte Ohrenbildung ist möglicherweise auf Wachstumsanomalien zurückzuführen und somit als pathologische Erscheinung zu werten.

Die Ohren werden heute mit dem Geschlechtsdimorphismus in Zusammenhang gebracht. Wir nehmen an, daß sie ausschließlich bei den (kleineren) Männchen einer Art ausgebildet wurden, während die Mündung der mutmaßlich weiblichen Tiere keine derartigen Fortsätze zeigen. Besonders ausgeprägte Ohren zeigen Exemplare z. B. der Gattungen *Otoites* (54), *Normannites, Spinikosmoceras*

Bild 54. Mündungsausbildung bei einigen jurassischen Ammonitengattungen

Bild 55. „Ohren“ zeigen an, daß das Tier ausgewachsen war. *Orthosphinctes* cf. *polygratus* (REINECKE), Ob. Jura (Unt. Kimeridge, Weißjura γ 1, *platynota*-Zone); Ebermannstadt, Franken; ca. 8 cm.

Bild 56 (unten). Teilweise beschaltes Exemplar von *Leioceras opalinum* (REINECKE) aus dem Mittl. Jura (Unt. Aalen, Braunjura α, opalinum-Zone) von Heiningen bei Göppingen (Württ.). Ausgewachsenes Tier mit Ohrenbildungen; ca. 5 cm.

(54), *Creniceras, Oecoptychius* (53), *Parataxioceras* und *Orthosphinctes* (55).
Ammoniten des Unt. Jura zeigen keine ausgeprägten Ohrenbildungen; wir beobachten lediglich vorgeschwungenen Venterbereich (*Pleuroceras, Amaltheus*). Im Mittl. und Ob. Jura treten wesentlich häufiger Formen mit betonten Mündungsapophysen auf. Leider finden sich Ammoniten mit „Ohren“ relativ selten, da einerseits vollkommen ausgewachsene und gut erhaltene Gehäuse selten sind, andererseits Fossilien bedauerlicherweise bei Bergung und Präparation vielfach „geschunden“ werden – viele Sammler achten auf derartige „Kleinigkeiten“ nicht. Immerhin sei in diesem Zusammenhang hingewiesen auf die Schichten des Unt. Aalen (Mittl. Jura, Braunjura α: *Leioceras opalinum*, 56) und des Unt. Kimeridge (Ob. Jura, Weißjura γ: *Orthosphinctes*, 55; *Ataxioceras* usw.). Sie bieten bei etwas Aufmerksamkeit gute Fundchancen.

## Skulptur

Als Skulptur bezeichnen wir die „Außenverzierung“ der Schale, die in der Regel auch auf dem Steinkern sichtbar ist, wenn auch oft in weniger deutlicher Form. Die wichtigsten

Skulpturelemente sind Rippen, Knoten, Spiralstreifen, Spiralfurchen. Kielbildungen und Einschnürungen sind Gehäusemerkmale!
**Anwachsstreifen** zeigen – als ehemalige Mundränder – kurzfristigen Wachstumsstop an und sind normalerweise nur bei Schalenerhaltung sichtbar. Sie zeigen entsprechend der ehemaligen Mündungsform geschwungene Formen (s. Abschnitt „Mündung"). Gehäuse ohne Anwachsstreifen sind selten. Sogenannte glattschalige Gehäuse zeigen bei guter Erhaltung meist auch Anwachsstreifung (57).
Unter **Rippen** versteht man im Gegensatz zur Oberflächenzeichnung der Anwachsstreifung Schalenwellungen, die dementsprechend auch auf dem Steinkern sichtbar werden, wenn auch oft in abgeschwächter Form (58, 94). Rippen können umlaufend sein (also von Windungsnaht zu Windungsnaht über den Venter verlaufen) oder auch nur auf den Flanken auftreten. Manchmal beginnen die Rippen an Knoten auf dem Innenbug (62); sie können auch in Knotenform enden, sich an Knoten gabeln usw. Die Berippung kann sich ebenso wie die Gehäuseform im Verlauf des Wachstums ändern.
Man unterscheidet zwischen zurückgeschwungen (rursiradiat, retroradiat), radial oder ra-

Bild 57 (oben). *Psiloceras planorbis* (SOWERBY), teilweise beschaltes Exemplar. Die Schale zeigt schwache Wulstung und zahlreiche feine Anwachsstreifen. Unt. Jura (Unt. Hettang, Schwarzjura α 1, *planorbis*-Zone); Bebenhausen bei Tübingen, Württ.; ca. 4,6 cm.

Bild 58. Steinkern von *Pleuroceras spinatum* (BRUGUIERE); gut erkennbar die Berippung und die Lobenlinien; die Hälfte des letzten Umganges gehörte zur Wohnkammer. Unt. Jura (Ob. Pliensbach, Schwarzjura δ, *spinatum*-Zone); Unterstürmig bei Forchheim, Franken; ca. 5,2 cm.

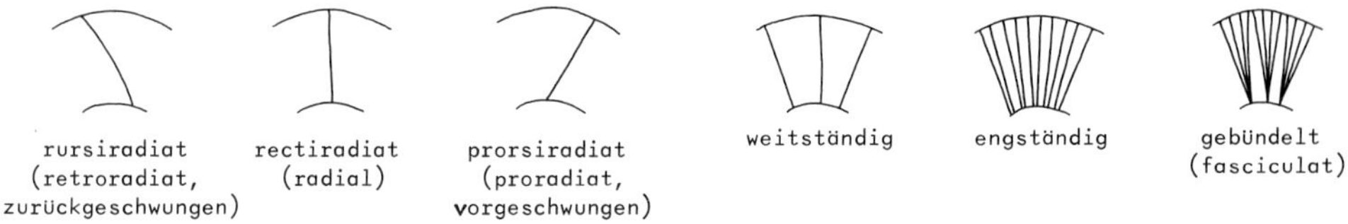


Bild 59. Rippenrichtung und Rippenabstand

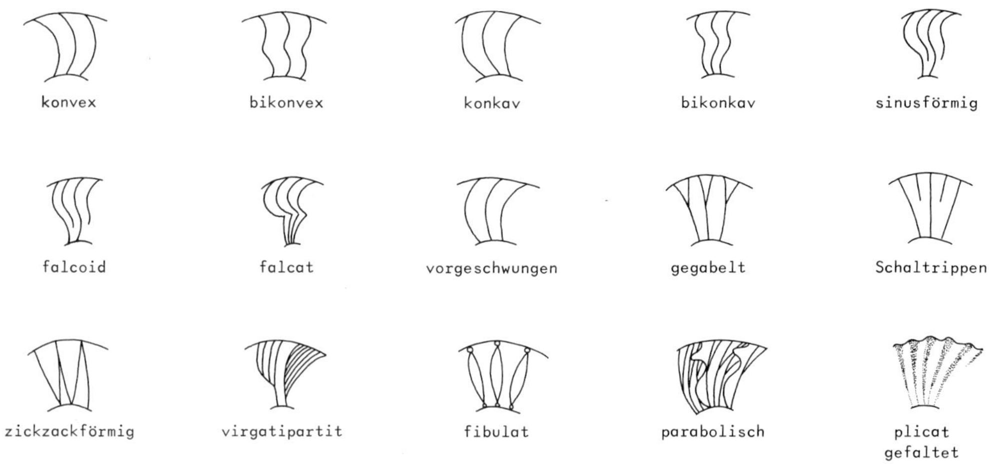


Bild 60. Rippentypen (nach „Treatise")

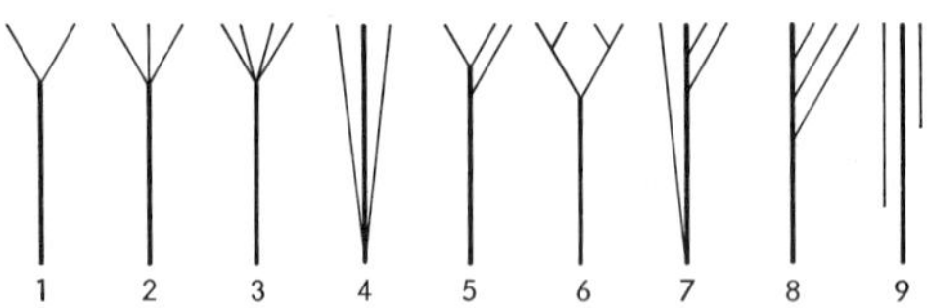


Bild 61. Spaltrippen. 1 bipartit; 2 tripartit; 3 quadripartit; 4 fascipartit; 5 polygrat; 6 polyplok; 7 diversipartit; 8 virgatipartit; 9 Schaltrippen, verschieden lang.

diat (rectiradiat) und vorgeschwungen (prorsiradiat, proradiat) verlaufenden Rippen: **Rippenrichtung** (59). Der **Rippenabstand** kann sein weit- und engständig (59). Von **Rippenbündelung** sprechen wir bei Rippenzusammenfassung (meist auf dem Innenbug) ohne Knotenbildung (59, 139).

Die **Rippentypen** entnehmen wir Bild 60. **Schaltrippen** sind dem normalen Berippungsbild bzw. den „Hauptrippen" zwischengeschobene Rippen. **Spaltrippen** treten in vielerlei Form auf; Bild 61 zeigt uns die verschiedenen Typen. Vor allem die Ammoniten des Ob. Jura warten damit auf.

**Knoten** können in Verbindung mit Rippen stehen oder unabhängig von der Berippung auftreten. Sie können Rippenausgangs- (62) oder endpunkt (63) sein, auf Innenbug (Umbilikalknoten), Flanke (Lateralknoten) oder Außenbug (Ventrolateralknoten) sitzen, selten auch auf dem Venter (Ventralknoten). Die Knotenform kann rundlich oder langgezogen sein. Im Extremfall beobachten wir zu Dornen ausgezogene Knoten (die dann oft hohl sind) (s. Abschnitt „Schalenbau und -färbung"; 64). In der Regel treten spiralig angeordnete Knotenreihen auf, wobei die Knoten in den meisten Fällen zur Wohnkammer hin schwächer werden bzw. oft ganz verschwinden: Veränderungen im Verlaufe des ontogenetischen Wachstums sind – ebenso wie bei der Berippung – obligatorisch.
**Spiralstreifung** wird die meist auf den Flanken sitzende konzentrische Skulptur genannt; sie tritt z. B. recht häufig bei *Amaltheus* oder *Pseudoamaltheus* (65) auf. Kreuzen sich Spiralstreifen und Radialskulptur, so entsteht eine Netz- oder **Gitterskulptur**.
Ein anderes der Gehäusespirale folgendes Skulpturelement ist die **Spiralfurche**, die sich entweder im mittleren Flankendrittel (22, 26)

Von oben nach unten:
Bild 62. Knoten auf dem Innenbug als Rippenausgangspunkte. *Haugia variabilis* (ORBIGNY), Unt. Jura (Ob. Toarc); Causses bei Mende, Südfrankreich; ca. 4,5 cm.

Bild 63. Knoten auf dem Außenbug. *Peronoceras fibulatum* (SOWERBY), Unt. Jura (Unt. Toarc); Whitby, Yorkshire (England); ca. 7,5 und 5,3 cm.

Bild 64. Dornenreihen. *Liparoceras cheltiense* (MURCHISON), Unt. Jura (Unt. Pliensbach, *ibex*-Zone); Cheltenham (England); ca. 12 und 9 cm.

Bild 65. *Pseudoamaltheus engelhardti* (Orbigny) mit erkennbarer Spiralstreifung. Unt. Jura (Ob. Pliensbach, Schwarzjura δ, *spinatum*-Zone); Unterstürmig bei Forchheim (Franken); ca. 18 cm.

oder beiderseits des Kiels findet. Normalerweise unterbrechen diese Furchen die Radialskulptur; auch kann sie innerhalb der Furche anders sein als außerhalb (bei Flankenfurchen).

Zahlreiche Gehäuse tragen auf Ventermitte eine **Kiel** genannte Aufwölbung (66, 67), die allerdings auf den innersten Windungen nicht oder nur schwach ausgebildet sein mag. Wir unterscheiden zwischen **offenem Kiel** und **Hohlkiel**; beim offenen Kiel verläuft in der Schalenaufwölbung der Sipho. Beim Hohlkiel trennt ein Teil der inneren Prismenschicht den Gehäuseinnenraum von einem meist dreieckigen kleinen Hohlraum unter der Außenschale (67). Diese Hohlkielröhre wird als Steinkern überliefert und ist nur bei Schalenerhaltung im Querschnitt erkennbar. Bei Schalenverlust können der Steinkern des Hohlkiels, der lose ist, und meist auch der Hohlkielboden (Conellen; s. Abschnitt „Schalenbau und -färbung") fehlen.

Hohlkielbildung ist in der Regel an bestimmte Wachstumsstadien gebunden. Bei ein und demselben Gehäuse können also offener Kiel und Hohlkiel vorkommen, wobei letzterer auf den äußeren Windungen auftritt.

Eine ganze Reihe von Ammonitenformen zeigt mehr oder weniger regelmäßig auftretende Einschnürungen (68, 69, 70), die Pausen im Gehäusewachstum entsprechen, also ehemalige Mundränder anzeigen.

Die meist leicht geschwungenen Einschnürungen verlaufen radial und parallel zu den Anwachsstreifen, manchmal auch zu den Rippen. Manche Gehäuse zeigen 8 oder noch mehr Einschnürungen pro Umgang. In einigen Fällen wird die Regelrippung durch die Einschnürungen unterbrochen oder geschnitten, während die anschließend gebildeten Rippen parallel zu den Einschnürungen laufen (*Morpho-*

*ceras* auf Bild 68). In manchen Fällen sind sowohl Schale wie auch Steinkern eingeschnürt, andererseits beobachten wir auch Einschnürung des Steinkerns, jedoch glatte Schalenaußenseite – in diesen Bereichen war die Schale also dicker als an anderen Stellen.
Bild 73 zeigt, wie sich die ca. 1485 Ammonitengattungen im Verlaufe der Stammesgeschichte prozentual auf die verschiedenen Rippentypen verteilen. Die glattschaligen und einfach berippten Formen laufen praktisch von Devon bis Kreide durch, während die Gabelripper erst im Mesozoikum auftreten (von einem Vorkommen im Unt. Devon abgesehen). Die Spaltripper schließlich breiten sich aus ab der Mittl. Trias und führen hin zu den sogenannten Abbaurippern, bei denen die Skulptur reduziert und aufgelöst wird. Wir beobachten also eine Entwicklung von den einfachen, unverzierten, über stark skulptierte Formen hin zur Abbauskulptur vor allem mancher spätkreidezeitlicher Ammoniten.

Bild 66. Kielbildung bei *Haugia variabilis* (Orbigny). Unt. Jura (Ob. Toarc); Causses bei Mende (Südfrankreich); ca. 3,5 cm.

Bild 67. Kielausbildung (nach Hölder, 1952)

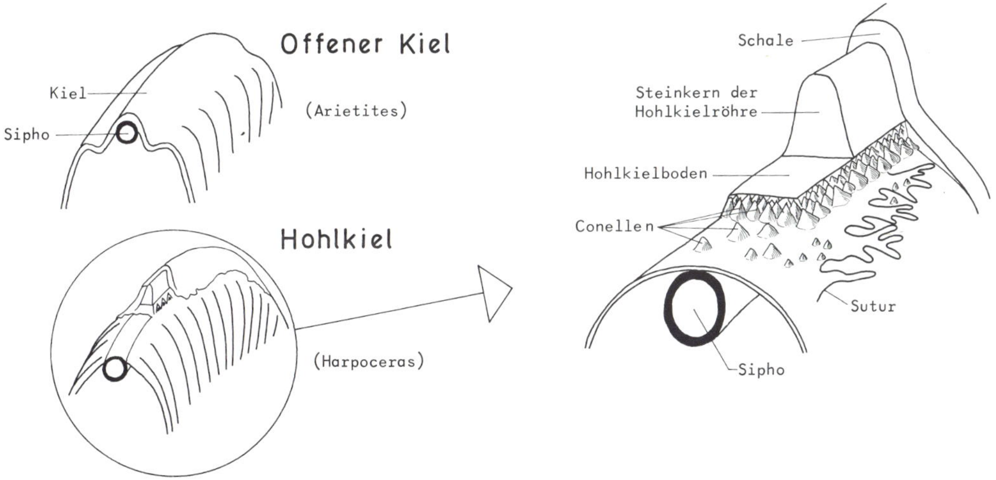

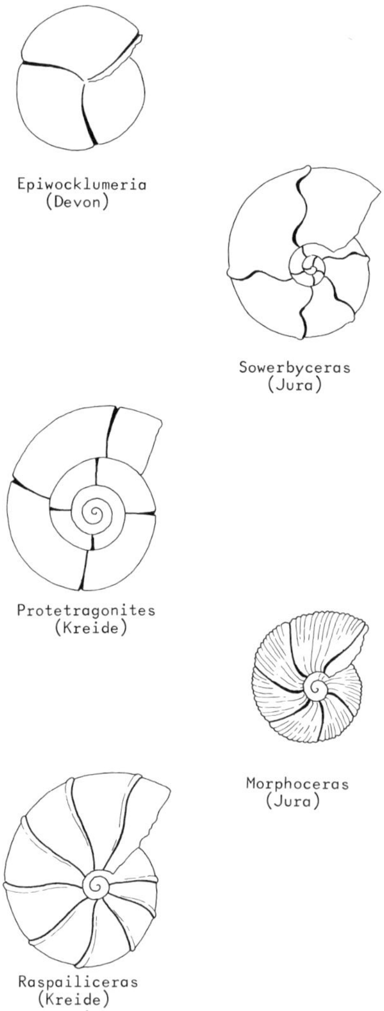


Bild 68. Gehäuseeinschnürungen zeigen Stillstandsphasen des Gehäusewachstums an.

Hochmündige (oxycone) Gehäuse (41, 71) sind meist nur geringfügig skulptiert. Dagegen treten bei niedrigmündigen und weitnabeligen Formen (72, 91, 145) zahlreiche kräftige Rippen auf und zusätzlich Knoten und Dornen. Die Spekulation, daß erstere Hochseeformen waren und schnittige Schwimmer, skulpturarm wegen des Wasserwiderstandes, den solche Verzierungen erhöhen würden, letztere aber plumpe Bewohner küstennaher Bereiche, dürfte nur eingeschränkt zutreffen: Die Skulptur diente wohl vor allem der **Gehäuseverstärkung** gegen mechanische Beanspruchung (s. Kapitel „Lebensraum und -weise").

| | |
|---|---|
| 69 | 71 |
| 70 | 72 |

Bild 69. *Sporadoceras münsteri* (Buch), ein devonischer Ammonit mit leicht zurückgeschwungenen Einschnürungen. Mittl. Famenne; Saoura (Marokko); ca. 4,7 cm. Beschaltes Exemplar.

Bild 70. Juraammonit mit vorgeschwungenen Einschnürungen. *Holcophylloceras calypso* (Orbigny), Unt. Jura (Ob. Toarc); Causses bei Roquefort (Südfrankreich); ca. 4,3 cm. Durch die sehr dünne Schale zeichnen sich die Lobenlinien ab.

Bild 71. Oxycones Gehäuse, schwach skulptiert. *Oxycerites cf. limosus* (Buckman), Mittl. Jura (Ob. Bajoc, Braunjura δ, *parkinsoni*-Zone). Im württembergischen Raum wurde das bisher früheste Auftreten der Art 40 cm über dem *parkinsoni*-Oolith festgestellt; im fränkischen Raum setzt die Art offensichtlich früher ein. Neumarkt, Oberpfalz. Ca. 10,2 cm. Schalenexemplar mit zahlreichen Bryozoenkolonien.

Bild 72. Niedrigmündiges und weitnabeliges Gehäuse. Kräftig skulptiert. *Teloceras blagdeni* (Sowerby), Mittl. Jura (Mittl. Bajoc, *humphriesianum*-Zone); Goslar, Harz; ca. 15,5 cm.

J 022

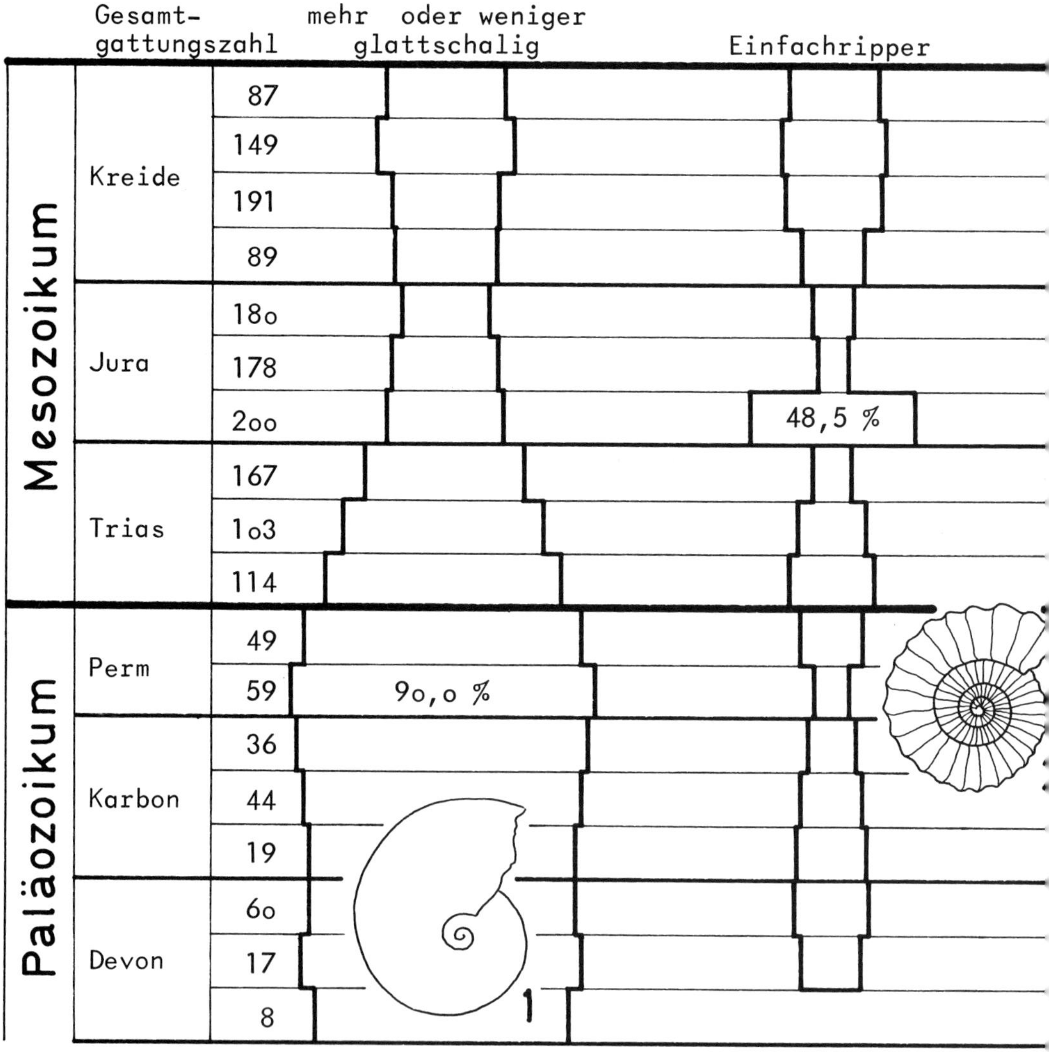
Gesamt-
gattungszahl
mehr oder weniger
glattschalig
Einfachripper
Mesozoikum
Kreide
87
149
191
89
Jura
18o
178
2oo
48,5 %
Trias
167
1o3
114
Paläozoikum
Perm
49
59
9o,o %
Karbon
36
44
19
Devon
6o
17
8
1

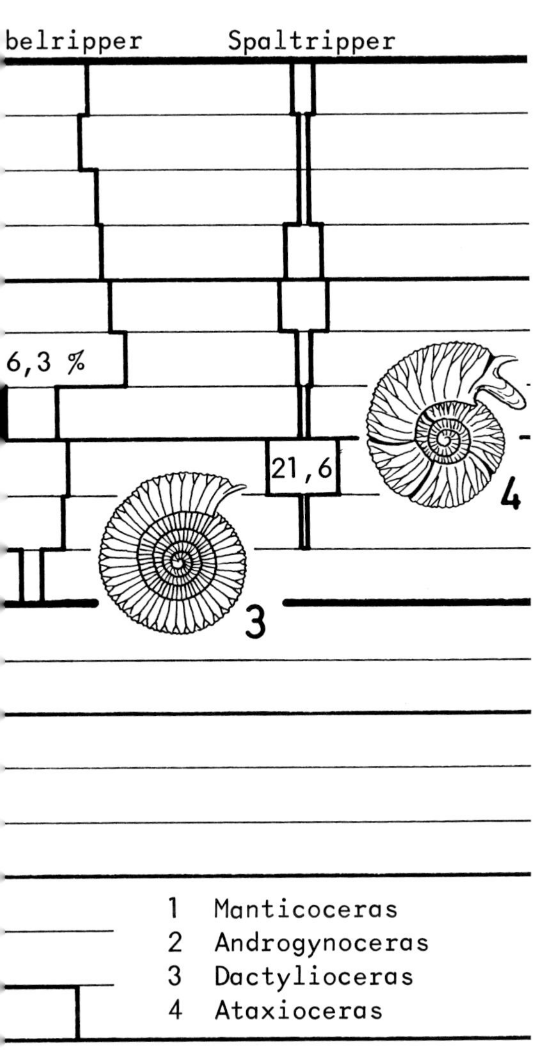


Bild 73. Verteilung von 1485 Gattungen der Ammonoidea unter Berücksichtigung ihrer Skulptur, dargestellt prozentual zur Gesamtgattungszahl im jeweiligen Systemglied (nach Angaben in A. H. Müller, 1961). Da die absoluten Gattungszahlen nach dem heutigen Kenntnisstand teilweise beträchtlich höher liegen, würden sich bei entsprechender Berücksichtigung auch die prozentualen Werte ändern.

## Septen und Lobenlinie

Als **Septum** oder Kammerscheidewand bezeichnen wir die Wand zwischen je 2 Gaskammern im Bereich des Phragmokons (25, 74, 75) und die Trennwand zwischen der letzten Gaskammer und der Wohnkammer. Die Septensubstanz war wahrscheinlich ebenso wie jene der Außenwand Aragonit. Der zentrale Bereich der Septumwand ist mehr oder weniger gewölbt, während die Randbereiche beim Auftreffen auf die Innenseite der Schale einfach geschwungen bis stark verfaltet sein können: Diese Kontaktlinie heißt **Lobenlinie** oder **Sutur** (lat. = Naht; 11, 76).

Der Vergleich von Lobenlinien ergibt nur dann verwertbare, d.h. aussagekräftige Ergebnisse, wenn man bei jedem Gehäuse die Lobenlinie aus dem ontogenetisch, d.h. altersmäßig gleichen Bereich nimmt, also von Stellen gleichen Durchmessers. Das ist deshalb wichtig, weil sich die Lobenlinie im Verlaufe des Wachstums verändert; sie wird in den späteren ontogenetischen Phasen komplizierter. Wichtig zu wissen ist auch, daß sich die stammesgeschichtliche Großgliederung zwar auf Unterschiede der Ausgestaltung der Lobenli-

Bild 74. Schliff von *Pleuroceras spinatum* (BRUGUIERE). Die Wohnkammer ist sedimentverfüllt (grau), während die ehemaligen Gaskammern mit wasserklarem, nachträglich auskristallisiertem Calcit gefüllt sind; gut erkennbar die Septen. Unt. Jura (Ob. Pliensbach, Schwarzjura δ, *spinatum*-Zone); Unterstürmig bei Forchheim (Franken). Durchmesser des Phragmokons ca. 1,9 cm.

nie stützt, daß aber im Bereich der untergeordneten taxonomischen Einheiten wie Familie, Gattung und vor allem Art Gehäuseform, Skulptur usw. für die Bestimmung wesentlich wichtiger sind als die Lobenlinie. Das heißt also, daß eine Artbestimmung ausschließlich mit Hilfe der Lobenlinie unmöglich ist.

Die Lobenlinie ist nur auf dem Steinkern bzw. dem Skulptursteinkern sichtbar, also bei Schalenexemplaren nach Entfernen der Schale (11, 77, 78, 81). Je weiter wir die Lobenlinie nach innen, also zum Ausgangspunkt der Spirale hin, verfolgen, desto einfacher ist sie geformt. Die Lobenlinie ist die zeichnerische Darstellung der Anheftungslinie des Septums an der Innenseite der Außenschale.

Die morphologisch-morphographische Beschreibung der Lobenlinie kommt mit einfachen Begriffen wie Flankenlobus usw. aus, Bild 76 nennt diese Begriffe. Versucht man hingegen, mit Hilfe der Lobenlinie Verwandtschaftsverhältnisse, stammesgeschichtliche Zusammenhänge also, zu erkennen, muß man Homologien, das sind gleichwertige Merkmale gemeinsamen Ursprungs, herausfinden und ermitteln. Aufgrund der ontogenetischen Anlage der Umbilikalloben lassen sich z. B. stammesgeschichtliche Zusammenhänge zwischen Ammonitengruppen feststellen. Diese Art der Beschreibung bezeichnet man als „morphogenetisch".

Da die Lobenlinie auch im konkaven Bereich des Windungsquerschnitts weiterläuft, muß zur Untersuchung unter morphogenetischem Aspekt das Gehäuse von außen, d.h. beginnend mit der äußersten (größten) Windung, Stück für Stück aufgebrochen werden, um die Lobenlinien bis zur Anfangskammer verfolgen zu können. Die morphographische Beschreibung hingegen begnügt sich mit dem offenliegenden Suturbereich. Da Sammler meist wenig

Interesse an stammesgeschichtlicher Forschung haben, vor allem, wenn dabei ihr Sammelgut zerstört wird, gehen wir hier auf die morphogenetischen Bezeichnungen nicht ein. Die Lobenlinie ist in der Regel mehr oder weniger gewellt und wird in **Sättel und Loben** unterteilt. Die nach vorne, also zur Gehäusemündung hin gewölbten, konvexen und meist gerundeten Bereiche heißen Sättel, die nach hinten zeigenden und spitz zulaufenden Fortsätze Loben (76).

Auf der Ventermittellinie liegt der Siphonal- oder Medianlobus, daneben der Extern-, Ventral- oder Mediansattel. Es folgen der Ventral- oder Externlobus, der vordere oder erste Lateralsattel, der Umbilikalsattel und schließlich, bereits verdeckt, der hintere Lateral- oder Dorsolateralsattel, der Intern- oder Dorsallobus und schließlich der Intern- oder Dorsalsattel.

Die fortschreitende Differenzierung der Lobenlinien im Verlaufe der Stammesgeschichte kann grob als eine Folge von Verfaltungsformen beschrieben werden: Wellung – Zackung – Zähnelung – Kerbung (Verfaltung 1. bis 4. Ordnung) (82).

Die allererste Lobenlinie ist Teil der Anfangskammer (s. Kapitel „Ontogenese“) und heißt **Prosutur**. Die danach folgende **Primärsutur** unterscheidet sich deutlich von der Prosutur, nicht jedoch von den nachfolgenden Lobenlinien. Da die Anfangskammer meist klein ist (durchschnittlich ca. 0,5 mm), ist die Untersuchung von Pro- und Primärsutur schwierig: Das Gehäuse muß unter dem Mikroskop vorsichtig aufgebrochen werden, bis die Anfangskammer freiliegt.

Nach der Ausbildung der Lobenlinie unterscheiden wir agoniatitische (gewellte, 79), goniatitische (gezackte), ceratitische (gezähnelte, 80) und ammonitische (gekerbte, 81) For-

Bild 75. Teilweise aufgebrochene Ammoniten mit deutlich erkennbaren Gaskammern bzw. Septen (hauptsächlich *Quenstedtoceras*) in einer „Ammonitenknolle“ von Popilany, Litauen (Mittl. Jura, Ob. Callov). Durchmesser des Ammoniten in Bildmitte ca. 3,3 cm.

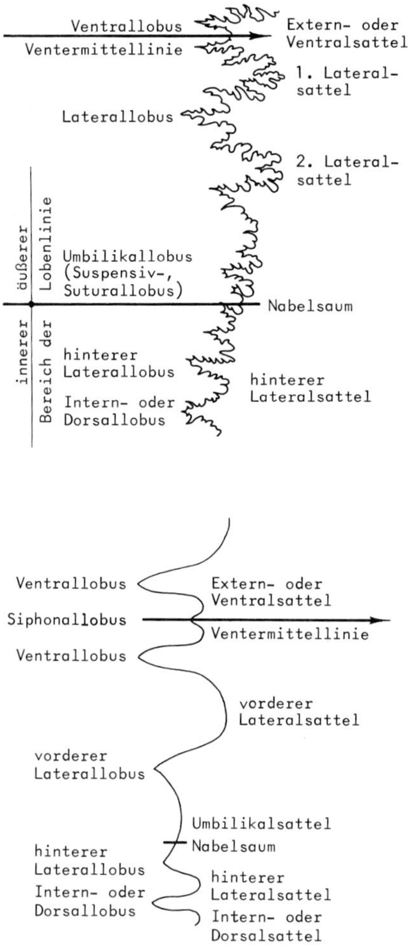


Bild 76. Elemente der Lobenlinie (nach „Treatise"). Oben ammonitische, unten goniatitische Lobenlinie.

men (s. auch Bild 82). Die entsprechenden Ammonitengruppen bezeichnen wir als Paläo-, Meso- und Neoammonoideen (s. Kapitel „Systematik der Ammoniten").
Der Sinn einer stark zerschlitzten Lobenlinie ist noch nicht erkennbar, denn die nötige Gehäusedruckfestigkeit wird mit geraden oder leicht geschwungenen Septen allemal erreicht. Sicherlich waren die Ammoniten mit extrem hochmündigem Gehäuse auf spantenartige Versteifung angewiesen, vor allem im Ver-

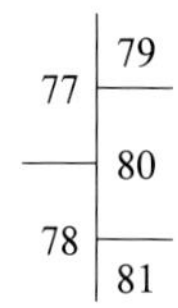


Bild 77. Steinkern mit gut erkennbaren Lobenlinien. *Phylloceras heterophyllum* (Sowerby), Unt. Jura (Unt. Toarc); Roquefort, Causses (Südfrankreich); ca. 5 cm.

Bild 78. *Placenticeras intercalare* mit abgeschliffener Schale und deshalb hervorragend erkennbaren Lobenlinien (Ob. Kreide, Pierre Shale); Pueblo Co., Colorado (USA); ca. 13 cm.

Bild 79. *Agoniatites bicanaliculatus* (Sandberger) mit agoniatitischer (gewellter) Lobenlinie. Mittl. Devon (Unt. Givet); Ougarta (Marokko). Limonitisiertes Exemplar; ca. 3,5 cm.

Bild 80. Ceratitische (gezähnelte) Lobenlinie. *Ceratites nodosus* (Bruguiere) aus dem Ob. Muschelkalk (Ob. Ceratitenschichten, *nodosus*-Zone) von Würzburg (Franken). Lobendrängung vor der Wohnkammer! Gesamtdurchmesser ca. 12 cm.

Bild 81. Ammonitische (gekerbte) Lobenlinie. *Cladiscites sp.* aus der Alpinen Trias (Karn, Hallstätter Kalk) vom Feuerkogel bei Hallstatt (Oberösterreich); ca. 6,6 cm. Die Schale wurde abgeschliffen, um die Lobenlinien sichtbar zu machen.

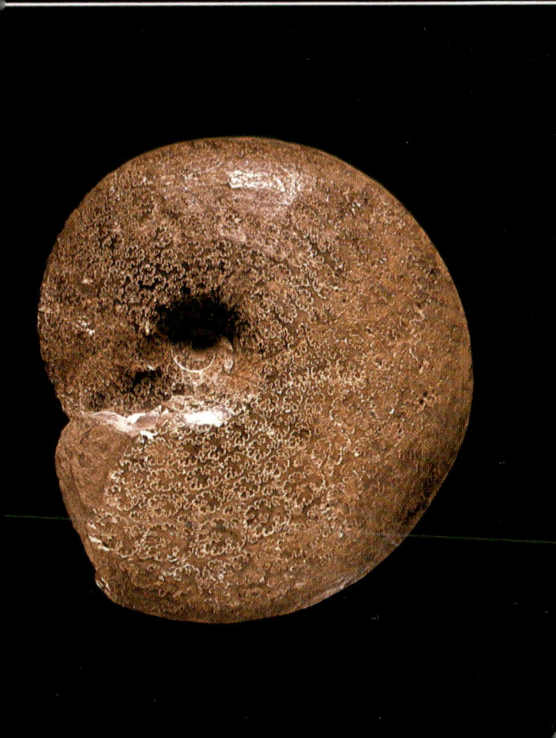

gleich zu den Formen mit rundem, wesentlich druckfesterem Gehäusequerschnitt. Die Differenzierung der Sutur ist jedenfalls für die Gehäusestabilität nicht notwendig.
Oberflächenvergrößerung, damit der Wasseraustausch (s. Kapitel „Siphonalapparat“)

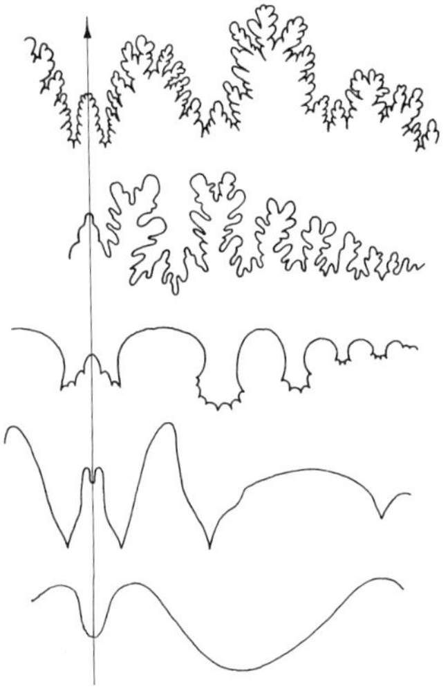


Bild 82. Charakteristische Lobenlinien (nach Daber & Helms). a und b Neoammonoidea, c Mesoammonoidea, d und e Paläoammonoidea. Der Pfeil entspricht der Ventermittellinie.

schneller ablaufen konnte, wäre denkbar, obwohl schnelle Flucht- oder Angriffsreaktion in vertikaler Richtung in jedem Fall (bei ausschließlichem Gebrauch des Siphonalapparates) unmöglich war.

Möglicherweise ist die im Verlauf der Stammesgeschichte immer differenzierter ausgebildete Lobenlinie (abgesehen von Abbautypen kurz vor dem Aussterben der Gruppe) als genetisch bedingt zu werten. Das Merkmal „Septenrandfaltung“ war, wenn auch nicht nützlich, doch akzeptabel und wurde vererbt.
Befriedigende Deutungen des Sinns der stark verfalteten Lobenlinie sind also bis heute nicht möglich; jedoch wird z. Zt. an diesem Problem gearbeitet.

## Frakturen (Pathologie)

Wer seine Sammlungsstücke aufmerksam durchmustert, wird sicher auf das eine oder andere Exemplar stoßen, das erkennbar pathologische Merkmale zeigt: **wiederverheilte Gehäuseschäden**. Da Beschädigungen im nicht regenerationsfähigen Phragmokonbereich den Tod des Tieres zur Folge hatte (das eindringende Wasser führte zum Absinken, zu Veränderung der Lage usw., letztlich sicher zum Absterben), müssen verheilte Frakturen immer im Bereich ehemaliger Wohnkammern liegen.
Die Schalenbildung erfolgt durch einen besonderen Mantelbereich (s. Kapitel „Ontogenese“). Treten hier Störungen auf, sei es durch Beschädigung von außen (Biß, mechanischer Einfluß) oder durch Krankheit (Parasitenbefall), so kann die weitere Schalenbildung anomal verlaufen. Am leichtesten erkennbar sind Veränderungen der Berippung. Hier wurde eine Anzahl bestimmter, immer wieder vorkommender Anomalien beschrieben. Die wohl häufigste ist die „Rippenscheitelung“: Ab der Frakturstelle verlaufen die Rippen nach hinten geknickt, bis wieder das normale Berippungsbild einsetzt (83, 84).

Aber auch an Kiel oder Kielfurche sind Veränderungen, wie Ausbleiben oder Verlagerung auf den Außenbug, zu beobachten. Ebenso wie bei einer Verlagerung des Sipho kommt in diesen Fällen Krankheit als Ursache in Frage. QUENSTEDT beschreibt in „Die Ammoniten des Schwäbischen Jura" hin und wieder solche „kranken" Tiere.
Bei Skulpturveränderungen schließen wir grundsätzlich auf verheilte Bißverletzungen durch Fische usw. Die Ammoniten konnten letztlich entkommen; die Fraktur war unbedeutend und verheilte im Laufe der Zeit. Allerdings können Beschädigungen auch auf mechanische Einwirkungen zurückzuführen sein (im Riff- oder Strandbereich).

Bild 83 (oben). Verheilte Schalenfraktur (Rippenscheitelung) an *Grammoceras striatulum* (SOWERBY) aus dem Unt. Jura (Ob. Toarc) von Südfrankreich (Causses bei Mende); ca. 4 cm.

Bild 84. *Macrocephalites macrocephalus* (SCHLOTHEIM) mit verheilter Fraktur (Rippenscheitelung). Mittl. Jura (Callov, Braunjura ζ) von Tiefenellern bei Bamberg (Franken). „Goldschnecke"; ca. 6,5 cm.

# Erhaltung und Überlieferung

Wir unterscheiden bei den Ammoniten wie bei allen anderen Fossilien grundsätzlich 3 häufigere Überlieferungsformen: Steinkern, Skulptursteinkern und „Schalenerhaltung". Durch postmortale und diagenetische Vorgänge kann die Erhaltung (also sozusagen die „Qualität") der Funde sehr unterschiedlich sein.

Bei **Steinkernbildung** wird der Gehäusehohlraum mit Sediment verfüllt, oft auch nur die Wohnkammer. Die Gaskammern können nur dann vollständig vollaufen, wenn das Gehäuse an der obenliegenden Seite beschädigt ist. – Sie hat dadurch eine teilweise innige Verbindung mit dem überlagernden Gestein: Also immer vom Liegenden her präparieren! – Im Laufe der Zeit – meist relativ früh – kann die Schale durch im Gestein zirkulierende Lösungen weggelöst werden. Es entsteht zwischen der Hohlraumausfüllung und dem Prägeabdruck („Negativ") im umgebenden Gestein ein der ehemaligen Schalenstärke entsprechender freier Raum.

Die Hohlraumausfüllung heißt Steinkern (85, 86), der Prägedruck **Abdruck** (87). Der Steinkern kann natürlich auch aus Mineralien wie Pyrit, Limonit usw. bestehen und muß nicht aus „Gestein" wie Kalkstein usw. sein.

Vielfach drang das wäßrige Sediment nur in die Wohnkammern ein, und die folgenden Gaskammern sind zerdrückt, wenn die Sedimentauflast irgendwann die Bruchsicherheit des Gehäuses überstieg. Ein Beispiel hierfür bieten die wohlerhaltenen Wohnkammern von QUENSTEDTS *„Ammonites lineatus penicillatus"* [*Pachylytoceras penicillatus* (QUENSTEDT)] aus dem Opalinuston Württembergs. Diese Ammoniten erreichten bis um 60 cm Durchmesser. Das Phragmokon ist praktisch immer dünngepreßt, die Wohnkammer dagegen meist unverdrückt oder jedenfalls nur geringfügig verformt. Erfreulicherweise enthält die Wohnkammerfüllung („Fossilfalle") meist zahlreiche eingespülte und körperlich erhaltene Ammoniten (*Leioceras*, 56, *Pachylytoce-*

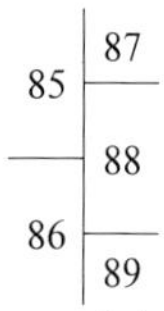


Bild 85. Steinkern von *Sulciferites martinischmidti* (LANGE) (QUENSTEDTS *„Ammonites angulatus compressus gigas"*). Unt. Jura (Unt. Sinemur, Schwarzjura α 3, *bucklandi*-Zone); Schwäbische Alb; ca. 21 cm.

Bild 86. Steinkern von *Peltoceras athleta* (PHILLIPS) aus dem Mittl. Jura (Ob. Callov) von Tours (Indre et Loire, Westfrankreich); ca. 7 cm.

Bild 87. Positiv und Negativ von *Parkinsonia parkinsoni* (SOWERBY) aus einem „der schönsten Aufschlüsse der Welt" im Bajoc (lt. ARKELL), nämlich von Bethel bei Bielefeld (seit langem nicht mehr offen); Mittl. Jura (Bajoc, Dogger δ); ca. 5 cm.

Bild 88. Ammonit aus der „Fossilfalle" eines großwüchsigen Wohnkammerfragmentes: Die eingespülten Fossilien wurden nicht zerdrückt wie viele andere in diesen Schichten. *Pachylytoceras torulosum* (ZIETEN), Mittl. Jura (Unt. Aalen, Braunjura α, *opalinum*-Zone); Heiningen bei Göppingen (Württ.); ca. 4,6 cm.

Bild 89. Skulptursteinkern. Rippung scharf, Lobenlinie sichtbar. *Kosmoceras spinosum* (SOWERBY), Mittl. Jura (Ob. Callov, Braunjura ζ); Schömberg bei Balingen (Württ.); ca. 3,6 cm.

*ras torulosum*, 88): Es empfiehlt sich also, Funde von *P. penicillatus* immer gründlich zu untersuchen!
Aber auch der umgekehrte Fall tritt sehr häufig auf: Das Phragmokon blieb körperlich erhalten, die Wohnkammer ist flachgedrückt! Wir beobachten diese Art der Erhaltung z.B. in den Mergeln und Tonen des oberen Unterjura, gerade auch in Südfrankreich (Causses): Beim schichtweisen Abbau finden wir immer wieder wohlerhaltene pyritisierte Phragmokone, während die dazugehörige Wohnkammer im Gestein zwar vorhanden, aber flachgedrückt oder jedenfalls verformt ist (26).

Bild 90. Calcitische Schalenerhaltung. *Lytoceras siemensi* (DENCKMANN), Unt. Jura (Unt. Toarc, Schwarzjura ε); Unterstürmig bei Forchheim (Franken); ca. 5 cm.

Die Widerstandsfähigkeit des Gehäuses gegen den Sackungsdruck des Sediments hängt von verschiedenen Faktoren ab, die zu seiner Erhaltung als Fossil zusammenwirken: Gehäuseform und -material, Gehäusegröße, Sedimentart, Sedimentationsgeschwindigkeit usw. Bei stark wasserdurchsetzten Sedimenten (Ton, Mergel) war die Verformungsgefahr ungleich höher als bei anderen Sedimenten, da die ursprüngliche Ablagerungshöhe meist relativ kurzfristig stark reduziert wurde.
Die obigen Ausführungen gelten natürlich nicht nur für die Steinkernerhaltung, sondern auch für die folgenden Überlieferungsformen.
Ein **Skulptursteinkern** entsteht auf folgende Weise: Das eingebettete Gehäuse wird mit Sediment verfüllt, die Schale aber aufgelöst. Der im umgebenden Sediment vorhandene Gehäuseabdruck wird nun dem noch plastisch verformbaren Steinkern aufgeprägt („Prägekern“), so daß er die Skulptur des Schalenäußeren zeigt.
Allerdings hatten Ammoniten vielfach relativ dünne Schalen, und andererseits war auch die Skulptierung der Außenseite in geminderter Form ohnehin auf dem Steinkern vorhanden. So können vielfach Steinkern und Prägekern nicht klar unterschieden werden. Bei scharfer und ausgeprägter Berippung (spricht für Prägekern) und sichtbarer Lobenlinie dürfen wir annehmen, daß ein Skulptursteinkern vorliegt (89). – Hierbei muß allerdings berücksichtigt werden, daß grundsätzlich auch die Beschaffenheit des Sediments (fein-, grobkörnig) eine Rolle spielt.
In ihrer originalen chemischen Zusammensetzung ist die Schale nie überliefert. An Stelle des ursprünglichen Baumaterials (meist Aragonit) traten im Verlaufe der Fossildiagenese andere mineralische Substanzen, z.B. Calcit (90). Fossilien mit solcherart Schalen mögen

so entstanden sein: Die Gehäuse überdauerten nach der Einbettung relativ lange in der ursprünglichen Form. Die Wohnkammer wurde frühzeitig mit Sediment verfüllt, während das Phragmokon teilweise leer blieb. Später drangen im Gestein zirkulierende Lösungen ein, es kam zur Auskristallisation von Mineralien (Calcit, Dolomit usw.). Schließlich erfolgte nach Verfestigung des Gesteins z.B. Umkristallisation des Aragonits in die stabile $CaCO_3$-Form Calcit.

Solche **schalentragende Ammoniten** sind meist sehr schön, oft auch gut erhalten und teilweise von besonderem Wert für die Palökologie: Auf der Schale siedelten nicht selten andere Tiere wie z.B. Röhrenwürmer und Bryozoen, kleine Muscheln usw. (91) und geben so manchen Hinweis auf die damalige Fauna und damit auch den Lebensraum. In manchen Fällen erfolgte die Besiedelung sicherlich erst nach dem Tode des Ammonitentieres; aber auch die Gehäuse lebender Tiere dürften als Siedlungsgrund für Kleinorganismen gedient haben.

Interessant ist die weiter oben schon angesprochene Beobachtung, daß sich die eine Seite des Fossils bei der Präparation meist gut und schnell freilegen läßt, die andere dagegen nicht. Das Gestein haftet stärker (Verbindung von Innen- und Außensediment durch Schalenfraktur), die Schale ist oft beschädigt, zeigt Löcher, Bewuchsspuren sind zahlreich. Die „gute“ Seite ist immer die, die beim Niedersinken auf dem Sediment zu liegen kam. Beschädigung und Besiedelung waren hier kaum noch möglich. Die obenliegende Seite des Gehäuses war bis zur endgültigen Einbettung exponiert und somit entsprechenden Einwirkungen zugänglich.

Zeigt das Gehäuse aber beidseitig Bewuchsspuren, so muß auch dies nicht unbedingt für Besiedelung zu Lebzeiten des Tieres sprechen.

Bild 91. Schalenbesiedelung nach dem Tod des Ammoniten mit Röhrenwürmern, Bryozoen und Muscheln bei offensichtlich geringer Sedimentationsgeschwindigkeit. Die Rückseite zeigt keinen Bewuchs. *Stephanoceras humphriesianum* (Sowerby), Mittl. Jura (Bajoc, Braunjura δ, *humphriesianum*-Zone); Kienberg, Solothurn (Schweiz); ca. 9,8 cm.

Möglich wäre auch der (allerdings sicher nicht häufige) Fall einer Bewegung des Gehäuses z.B. durch Strömung, so daß beide Seiten abwechselnd oben lagen.
Berühmt sind die perlmuttschalig überlieferten Gehäuse aus dem Opalinuston (Unt. Mitteljura, Unt. Aalen, Braunjura α) Württembergs (56, 88). Erfreulicherweise erreichen in den letzten Jahren die deutschen Sammler immer mehr wunderschön erhaltene Ammoniten aus der nordamerikanischen Kreide (Pierre-Shale), bei denen die ursprüngliche Perlmuttschicht noch vorhanden ist und opalisierende Farbeffekte zeigt (28, 50). Aber auch in anderen Ländern finden sich Vorkommen von Ammoniten in großartiger Schalenerhaltung, z.B. in Rußland: Im Ob. Mitteljura (Callov) von Popilany in Litauen treten zahlreiche, meist hervorragend erhaltene Ammoniten auf, mitunter geradezu in Haufwerk gelagert (40, 75, 117, 118)! Aufgebrochene Gehäuse zeigen trotz teilweise sehr geringer Größe feinste Einzelheiten wie Septen und Sipho (75). Die gleichen Fossilknollen finden sich übrigens bei Łukow in Polen – das Material wurde als Großscholle durch eiszeitliche Gletscher von Litauen hierher verfrachtet!
In Frankreich sind berühmte Vorkommen von hervorragend erhaltenen „Schalenfossilien“: Bully bei Neufchâtel (Pays-de-Bray) (92) und

Bild 92 (oben). Perlmuttschaliger Ammonit vom berühmten Fundort Bully (Pays-de-Bray, Frankreich). *Dimorphoplites bulliensis* (Unt. Kreide, Alb); ca. 5,1 cm.

Bild 93. Weißschaliger Ammonit *Pleuroceras spinatum* (BRUGUIERE) aus dem Unt. Jura (Ob. Pliensbach, Schwarzjura δ, *spinatum*-Zone) von Unterstürmig bei Forchheim (Franken); ca. 3,7 cm.

| 94 | 96 |
|---|---|
| 95 | |

Bild 94. Ammonit mit hervorragend erhaltener Schale und Mündung. *Parkinsonia parkinsoni* (SOWERBY), Mittl. Jura (Ob. Bajoc, Braunjura δ, *parkinsoni*-Zone), von Neumarkt (Oberpfalz); ca. 12,5 cm.

Bild 95. Großartig erhaltener beschalter Ammonit aus dem Mittl. Jura (Unt. Bathon, Braunjura ε, *zigzag*-Zone). *Procerites* (*Phaulozigzag*) *phaulomorphus* (BUCKMAN); auf dem Gehäuse sitzt ein Röhrenwurm. Neumarkt (Oberpfalz); ca. 7,7 cm.

Bild 96. Teilweise beschalter Ammonit *Normannites braikenridgi* (SOWERBY) aus dem Mittl. Jura (Mittl. Bajoc, *humphriesianum*-Zone) von Osterfeld bei Goslar (Harz). Ca. 3 cm. Ordnung Ammonitida, Fam. Stephanoceratidae.

Wissant bei Le Havre, beide Unt. Kreide, Alb (50). Auch in Deutschland treten an vielen Fundorten Ammoniten in Schalenüberlieferung auf. Eine der bekanntesten Fundstellen

| | | |
|---|---|---|
| 97 | 99 | 101 |
| 98 | 100 | 102 |

Bild 97. Während der Fossildiagenese in Pyrit umgewandeltes (pyritisiertes) Gehäuse von *Arnioceras oppeli* Guerin-Franiatte (syn. *A. geometricum*), Unt. Jura (Unt. Sinemur, *semicostatum*-Zone); Leopoldstal bei Horn (NRW); ca. 3,7 cm.

Bild 98. Pyritisierter Ammonit *Androgynoceras maculatum* (Young & Bird), Unt. Jura (Unt. Pliensbach); Altenhagen unweit Bielefeld, eine jetzt unter Wasser stehende, berühmte Fundstelle; ca. 4,9 cm.

Bild 99. Pyritisierter Ammonit von Mistelgau bei Bayreuth, einer guten Fundstelle für Fossilien aus dem Ob. Toarc und dem Unt. Aalen. *Hudlestonia serrodens* (Quenstedt), Unt. Jura (Ob. Toarc, Schwarzjura ζ); ca. 4,8 cm.

Bild 100. „Goldschnecken." Pyritisierte, durch Oxidation zumindest äußerlich in Limonit umgewandelte Ammoniten aus dem Mittl. Jura (Callov, Braunjura ζ) vom Osthang des Staffelberges bei Staffelstein, Franken. *Grossouvria cf. sulcifera* (Oppel); ca. 4,8 cm.

Bild 101. *Amaltheus margaritatus* Montfort, pyritisiert und äußerlich in Limonit umgewandelt (Unt. Jura, Ob. Pliensbach, *margaritatus*-Zone); Causses bei Mende, Südfrankreich; ca. 4,3 cm.

Bild 102. Vollkommen calcitisch erhaltene Ammoniten der Art *Asteroceras obtusum* (Sowerby) aus dem Unt. Jura (Ob. Sinemur, *obtusum*-Zone) von Charmouth, Dorset (England); größeres Exemplar ca. 2,2 cm.

Bild 103. Teilweise beschalter, calcitisch erhaltener Ammonit *Glochiceras lithographicum* (OPPEL) aus dem Ob. Jura (Unt. Tithon, Mörnsheimer Schichten) von Mörnsheim bei Solnhofen. Die Wohnkammer ist vollkommen erhalten, der Ohrenansatz erkennbar; ca. 5 cm.

liegt in der Gegend von Forchheim in Franken. Von dort kennen wir die weißschaligen Ammoniten des Ob. Pliensbach (Unt. Jura, Schwarzjura δ) (93). Die außerordentlich gut erhaltene fossile Fauna aus der Umgebung von Neumarkt (Oberpfalz) stammt aus dem Mittl. Jura (Ob. Bajoc bis Unt. Callov) (35, 71, 94, 95, 144, 150) – die Fundstelle ist allerdings nicht mehr zugänglich.

Auch die Umgebung von Goslar bietet teilweise beschalte Ammoniten (Mittl. Jura, Bajoc) (96).

Steinkerne und Skulptursteinkerne aus Tonen und Mergeln sind häufig **pyritisiert** oder verkiest, d.h., sie bestehen aus Pyrit (Schwefelkies). Derartige Stücke sind, vielleicht weil sie schön glänzen, in Sammlerkreisen sehr geschätzt. Vor allem in den Tongesteinen des Unt. und Mittl. Jura finden wir nicht selten pyritisierte Ammoniten (97, 98, 99). Liegen sie längere Zeit oberflächennah im Gestein, so oxidiert der Pyrit (durch Zutritt des Luftsauerstoffes) und wird in den braunen bis braunroten Limonit umgewandelt. Die Limonitisierung beginnt außen und kann, je nach Dauer, nur Außenbereiche oder das ganze Fossil erfaßt haben. Bekanntestes Beispiel für eine solche Umwandung sind die **Goldschnecken** des fränkischen Mitteljura (Callov) (84, 100). Geringere Oxidation zeigen normalerweise die Ammoniten des Toarc (Unt. Jura) der Causses in Südfrankreich – hier ist oft nur eine dünne Schicht betroffen (101, 137).

**Calcitische Steinkernerhaltung** ist ebenfalls nicht allzu selten. Berühmt sind die Ammoniten aus dem Unt. Jura von England (Sinemur, Charmouth) (102) oder Frankreich (Unt. Pliensbach, Calvados, 133). Auch im Ob. Jura der Umgebung von Solnhofen treten in den Mörsheimer Schichten mitunter schöne calcitierte Exemplare auf (103).

# Anaptychen und Aptychen

**Aptychen** sind paarige, in der Regel isoliert auftretende und auf Grund der auch ursprünglich calcitischen Beschaffenheit vielfach gut erhaltene Hartteile des Ammonitentieres (104). Sie treten seit dem Ob. Unterjura auf, lösen etwa zu dieser Zeit die wesentlich selteneren einteiligen Anaptychen weitgehend ab, die seit dem Ob. Devon bekannt sind.
In manchen Schichten des Ob. Jura finden wir Aptychen relativ häufig: Im Unt. und Mittl. Kimeridge (Weißjura γ und δ) Süddeutschlands z. B. (105); auch in den Solnhofener Schichten (104, 106). In den ostalpinen Aptychenschichten (Mittl. und Ob. Oberjura) treten sie mitunter sehr häufig auf.
Die dunklen, aus hornartiger Substanz bestehenden **Anaptychen** sehen aus wie ein zusammengewachsenes Aptychenpaar, sind allerdings immer viel dünner (107). Die Mündung des dazugehörigen Ammonitentieres füllt der Anaptychus allerdings in den meisten Fällen nicht vollkommen aus.
Ursprünglich wurden Aptychen als eigenständige Organismenreste gedeutet. Man hielt sie für sessile Krebse usw., u. a. auch für Muschelklappen. Bei ZIMMERMANN (Wunder der Urwelt, 23. Auflage 1865) lesen wir: „Unter den Versteinerungen der Gehäuse dieser Cephalopoden findet man eine andere Merkwürdigkeit. Es liegen nämlich innerhalb der äußersten großen Höhlung [Wohnkammer], welche das Tier bewohnt, sehr häufig zwei Muschelschalen nebeneinander, einer geöffneten Muschel angehörig, versteinert, wie der Nautilus selbst [es geht um *Ceratites nodosus*], doch sicher nicht zu ihm gehörig; man glaubt, es sei dieses ein Thier, welches der Nautilus verschlungen, das ihm zur Nahrung gedient, und dessen Schale er noch nicht ausgeworfen…“ – Deutung als Überreste von Beutetieren also.
QUENSTEDT schreibt (Die Ammoniten des schwäbischen Jura, 1885): „Noch ein eigenthümliches zugehöriges getrenntes Schalenstück bildet der Aptychus, den man lange für eine besondere Bivalve hielt. Allein er gehört entschieden zum Thier, und war nicht sowohl ein Deckel, sondern vielmehr ein innerer Knochen…“
Die Deutung als Deckel, als **Mündungsverschluß** also, vergleichbar dem Operculum der

Bild 104. *Laevaptychus.* Zwei zusammengehörige Aptychen aus dem Ob. Jura (Unt. Tithon, Mörnsheimer Schichten) von Daiting bei Monheim (Bayern); je ca. 4,5 cm. Eines der Exemplare wurde freipräpariert.

Schnecken, setzte sich durch, gefestigt anscheinend durch Gehäusefunde mit genau die Mündung ausfüllendem Aptychenpaar. Bei genau passendem Verschluß allerdings wäre das Tier erstickt, sofern die Mündung längere Zeit verschlossen worden wäre – der Ausschnitt für die Trichteröffnung fehlte (beim rezenten Nautilus zeigt die „Klappe" eine entsprechende Öffnung).

In den letzten Jahren wurde vor allem von LEHMANN die Meinung vertreten, daß Aptychen und Anaptychen zumindest in vielen Fällen dem Unterkiefer eines bisher unbekannten Kieferapparates entsprechen. Es gelang ihm, entsprechende **Kieferapparate** mit Hilfe von Schliffserien z.B. bei *Psiloceras, Pleuroceras, Eleganticeras* und *Hildaites* nachzuweisen.

In der Fachwelt wird die Deutung der Anaptychen als Kieferteile weitgehend anerkannt, während eine entsprechende Einordnung der Aptychen teilweise mit Skepsis aufgenommen wird.

Aptychen sind laut LEHMANN nichts anderes als Anaptychen mit dicker beidseitiger Kalkanlagerung, wobei die hornige Schicht diagenetisch zerstört und somit der Zusammenhang gelöst wurde. Ungeklärt ist allerdings, warum Anaptychen keinen Kalkbelag zeigen und in

Bild 105 (oben). *Laevaptychus latus* (PARKINSON) aus dem Ob. Jura (Mittl. Kimeridge, Weißjura δ) der Umgebung von Treuchtlingen. Eine isolierte Klappe und ein zusammengehöriges Paar, wohl zu *Aspidoceras* gehörend; je ca. 5,5 cm.

Bild 106. *Lamellaptychus* in situ, also im Gehäuse des dazugehörigen Tieres. *Neochetoceras steraspis* (OPPEL), Ob. Jura (Unt. Tithon, Weißjura ζ 2, Solnhofener Schichten); Eichstätt (Bayern); Durchmesser des Ammoniten ca. 3 cm.

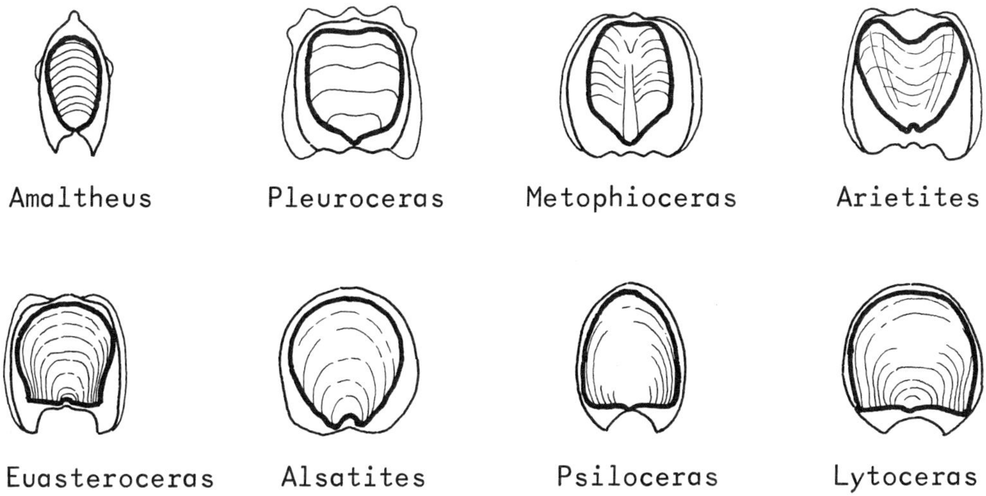


Bild 107. Anaptychen aus dem Unt. Jura, dargestellt in der Mündung der dazugehörigen Gattungen (nach M. SCHMIDT, 1925).

horniger Form überliefert wurden, warum ferner die in den Dünnschliffen erkennbaren Oberkiefer nur in der Wohnkammer fossil wurden. Die Aptychen wurden schaufelartig eingesetzt beim Absuchen des Meeresbodens, waren aber bestimmt nicht zur Nahrungszerkleinerung geeignet.

Die Benennung der Aptychen und Anaptychen fällt nicht unter die Regeln der Internationalen Nomenklatur, wir haben es vielmehr mit sogenannten Formgruppen zu tun. Die verwendeten Bezeichnungen wurden von TRAUTH eingeführt.

Wir nennen die wichtigsten Typen (108):

**Anaptychus**, Ob. Devon – Kreide. Z.B. bei *Manticoceras* (Ob. Devon); *Arcestes, Trachyceras, Monophyllites* (Trias); Psiloceratidae, Arietidae, Liparoceratidae, Amaltheidae (Unt. Jura); Lytoceratina (Kreide).

**Cornaptychus**, Ob. Unterjura – Mittl. Jura. Z.B. *Hildoceras, Harpoceras, Grammoceras* (Ob. Unterjura); *Leioceras, Sonninia, Hecticoceras* (Mittl. Jura).

**Laevicornaptychus**, Ob. Unterjura, ?Mittl. Jura. Form wie *Cornaptychus*, Oberfläche jedoch schwach skulptiert bis glatt. Z.B. *Pseudolioceras* (Ob. Unterjura).

**Lamellaptychus**, Mittl. Jura – Unt. Kreide. Z.B. *Oppelia* (Mittl. Jura); *Taramelliceras, Neochetoceras, Haploceras* (Ob. Jura).

**Laevilamellaptychus**, Ob. Jura – Unt. Kreide. Form wie *Lamellaptychus,* Oberfläche jedoch

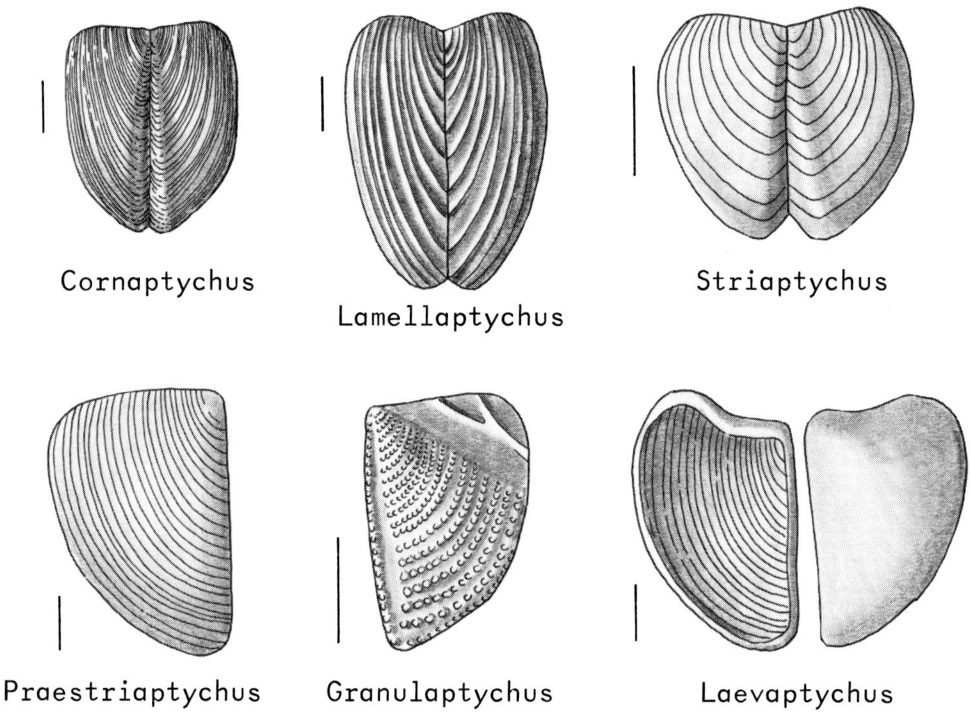


schwach skulptiert bis glatt. Z. B. *Pseudolissoceras* (Ob. Jura).
**Punctaptychus**, Mittl. Jura – Ob. Kreide.
**Granulaptychus**, Mittl. Jura – Unt. Kreide. Z.B. *Garantiana, ?Stephanoceras* (Mittl. Jura); *Subplanites, Lithacoceras* (Ob. Jura); *?Olcostephanus* (Unt. Kreide).
**Praestriaptychus**, Mittl. Jura – Unt. Kreide. Z.B. *Normannites, Parkinsonia, Kepplerites, Kosmoceras* (Mittl. Jura); *Perisphinctidae* teilweise (Ob. Jura).
**Laevaptychus**, Ob. Jura. Z. B. *Aspidoceras, Hybonoticeras.*

Bild 108. Aptychentypen (nach LEHMANN, 1976). Die Länge der senkrechten Striche entspricht 1 cm.

**Synaptychus**, Ob. Kreide. Scaphitidae.
**Rugaptychus**, Ob. Kreide. *Baculites.*
Welche Funktion Aptychen nun letztendlich hatten, ist noch nicht zweifelsfrei geklärt. Mag sein, daß neue Funde Klarheit bringen. In diesem Sinne sei hier an die Sammler appelliert, interessant erscheinendes Material an die Institute weiterzuleiten.

# Siphonalapparat

Die Gaskammern des Phragmokons durchzieht ein Gewebestrang, der in der Wohnkammer mündet (25, 106, 109). Anders als bei den Nautiliden wird der Sipho bei den Ammoniten nicht durch eine kalkige Außenhülle geschützt; er ist auch wesentlich einfacher aufgebaut und entsprechend von geringem taxonomischem Wert.

Die Aufgabe des Siphonalapparates ist die **Erhaltung des hydrostatischen Gleichgewichtes**, also die Abstimmung des Eigengewichtes des Tieres auf das Wassergewicht, ganz einfach ausgedrückt: die Herstellung der Schwebefähigkeit. Auf diese Weise konnte der Ammonit im Wasser „schweben". Mitunter wird für die in Bodennähe lebenden Formen ein im Vergleich zum verdrängten Wasser gering größeres Eigengewicht angenommen, wodurch die Position über Grund ohne Schwierigkeiten eingehalten werden konnte.

Beim ausgewachsenen Nautilus mit einem Gewicht von ca. 1400 Gramm beträgt die Idealdifferenz zwischen Körper- und Wassergewicht nicht mehr als 1 Gramm!

Die Septenöffnungen – Durchtrittsstellen des Siphos – heißen Septalhälse oder **Siphonaldüten**. Sie sind bei den Ammoniten zur Mündung hin gerichtet. Das gilt nicht für die Septenöffnungen der ersten Windungen und ebensowenig für die Formen der Ordnungen Anarcestida, Clymeniida und Prolecanitida: Hier sind sie nach hinten gerichtet. Bei den Nautiliden sind sie immer nach hinten gerichtet.

Der relativ dickwandige **Ammoniten-Sipho** besteht aus konzentrisch aufgebauten Conchiolin-Membranen. Folgende Beobachtungen am rezenten Nautilus gelten sicherlich auch – mehr oder weniger – für die Ammoniten: Die hornige Außenschicht der Röhre (Conchiolin) wird durch eine Lage mit von der Innenseite her eingetieftem Gewebe ausgekleidet („Drainageschicht"). Einer anschließenden dünnen Bindegewebeschicht folgt die aus Venen und Arterien bestehende Markschicht, der Siphokern.

Unter Berücksichtigung der Siphowanddicke, des Durchmessers und der vermutlichen Materialfestigkeit wurde die Druckfestigkeit einer Siphonalröhre ermittelt. Sie muß, da sich der Wasserdruck auf das Blut und somit also auch auf den Sipho überträgt, etwas höher sein als der Wasserdruck im tiefsten Bereich des jeweiligen Lebensraumes (z. B. 40 Atmosphären bei 400 m Wassertiefe). Lehmann ermittelte dementsprechend die folgenden Indexwerte. Sie beziehen sich auf die Druckfestigkeit im Bereich der äußeren (1–2) Phragmokonwindungen vor der Wohnkammer. Unter Berücksichtigung der bei Nautilus bekannten Gehäuseimplosionstiefe und der wahrscheinlichen maximalen Tauchtiefe wurden diese Werte auf die anderen Gattungen übertragen, wobei eine derartig linear erfolgende Auswertung mit Vorsicht zu betrachten ist, immerhin aber einen Eindruck über mögliche Abstufungen des Lebensraumes vermittelt.

Der Sipho beginnt in der Anfangskammer mit einer blasenartigen Bildung (Caecum), die mit dem bandförmigen Prosipho an der Innenwand der Kammer befestigt ist. In den ersten Windungen (1–3) liegt der Sipho immer auf der Internseite oder in der Röhrenmitte, verlagert sich dann aber bei den meisten Formen nach außen (extern, ventral). Eine Ausnahme

| Gattungen | wahrscheinliche max. Meerestiefe | wahrscheinliche Implosionstiefe | Indexwerte | |
|---|---|---|---|---|
| *Lytoceras* | 650 | 975 | 19 | 13 |
| *Phylloceras* | 600 | 900 | 18 | 12 |
| *Nautilus* | 600 | 900 | 12 | |
| *Grammoceras* | 300 | 450 | 8 | 6 |
| *Chondroceras* | 250 | 375 | 9 | 5 |
| *Sonninia* | 250 | 375 | 8 | 5 |
| *Dactylioceras* | 200 | 300 | 8 | 4 |
| *Asteroceras* | 200 | 300 | 6 | 4 |
| *Stephanoceras* | 150 | 225 | 7 | 3 |

macht die paläozoische Gruppe der Clymenien – hier bleibt der Sipho dorsal („Intrasiphonata“ im Gegensatz zu den „Extrasiphonata“). Nach der Bildung einer neuen Kammerscheidewand wird die neu abgeteilte, wassergefüllte Kammer so weit leergepumpt, bis das durch den Größenzuwachs (das Gehäuse wurde ja auch an der Mündung vergrößert; s. Kapitel „Ontogenese“) gestörte hydrostatische Gleichgewicht wieder hergestellt ist. Dabei wird das Kammerwasser durch **Osmose** in das Blut überführt und dann über die Nieren ausgeschieden (Kammerflüssigkeit = niedrige Ionenkonzentration, Blut = hohe Ionenkonzentration). Dies wird – auch gegen den in großen Tiefen herrschenden Wasserdruck – durch den intrazellaren Einbau einer Art „Ionenpumpen“ erreicht.

Flüssigkeitsreste saugt die aus organischer Substanz bestehende innere Kammerauskleidung auf (Löschpapiereffekt). Wassergefüllt bzw. teilgefüllt sind in der Regel nur die jüngsten 1–3 Kammern. Bei der schnellsten bisher beobachteten Kammerentleerung eines rezenten *Nautilus* wurde pro Tag etwas weniger als 1 $cm^3$ Flüssigkeit abgepumpt – die Kammer war nach einem Monat leer. Die Dauer einer Kammerentleerung variiert sicher je nach Wachstumsstadium, das heißt Alter des Tieres. Zwar wird der Sipho im Bereich der außenliegenden Kammern leistungsfähiger, bestimmt aber nicht proportional zum vergrößerten Kammerinhalt.

Der umgekehrte Vorgang einer Kammerfüllung ist denkbar, wurde aber bei *Nautilus* nie beobachtet. Wir müssen also annehmen, daß die Tiere nur die Geschwindigkeit der Entleerung regulieren können. Inwieweit der Siphonalapparat bei früheren Cephalopodenformen zum schnellen Fluten und Entleeren der Kammern geeignet war, ist ungeklärt. Derartige Tiere wären dann aber wesentlich beweglicher gewesen als die rezenten Nautiliden und die Ammoniten.

# Anatomie

Da Weichteilerhaltung bei Ammoniten so gut wie unbekannt ist – eine Ausnahme bildet z. B. ein *Arnioceras*, dessen Schliffbild Reste von Magen und Speiseröhre zeigt –, sind wir bei Rekonstruktionsversuchen (109) mehr oder weniger auf Vergleiche mit den wenigen rezenten Nautilidenarten (109) angewiesen.

Ammoniten hatten sicherlich einen **Mantel**, der den Körpersack umhüllte und die Wohnkammer auskleidete. Die hinteren Mantelabschnitte produzierten Material für neue Kammerwände, während im vorderen Mantelbereich die für die Gehäusevergrößerung notwendige Substanz abgesondert wurde.

Beim rezenten *Nautilus* ist der Mantel unterhalb des Tentakelkranzes zu zwei sehr muskulösen Hautlappen umgebildet. Diese Lappen kann das Tier über- und aneinanderlegen, so daß ein beweglicher **Trichter** entsteht. Er dient zur Fortbewegung nach dem Rückstoßprinzip, indem das Tier durch den Trichter einen Wasserstrahl ausstößt. Sicher dürfen wir bei den Ammoniten auf eine analoge Konstruktion schließen, da andere Fortbewegungsarten (abgesehen vom Bodenkriechen) nicht denkbar sind (s. Kapitel „Lebensraum und -weise").

Über Art und Zahl der **Tentakel** ist nichts bekannt; chitinige Endhaken wie bei manchen fossilen Coleoideen waren wohl nicht vorhanden. Unglücklicherweise helfen uns hier die berühmten Solnhofener Schichten nicht mit Funden weiter – bei den Dibranchiaten halfen sie einiges klären.

Ob Ammonitententakel Saugnäpfe hatten wie die Fangarme vieler rezenter Tintenfische, oder ob sie mit klebrigem Sekret überzogen waren wie beim rezenten *Nautilus*, konnte bisher nicht ermittelt werden. *Nautilus* hat kräftige, verkalkte Kiefer. Sie erinnern an einen großen Papageienschnabel und eignen sich gut zum Knacken von Schalen auch von Krebsen. Über mutmaßliche **Ammonitenkiefer** sprachen wir im Kapitel „Anaptychen und Aptychen" (s. a. „Lebensraum und -weise").

Man nimmt an, daß der **Blutkreislauf** der Ammoniten wie bei *Nautilus* durch ein arterielles Herz betrieben wurde. Da sich der Druck des umgebenden Wassers auf das Blut überträgt, entspricht der Blutdruck dem vom Herzen erzeugten Druck zusätzlich einer Atmosphäre pro 10 m Wassertiefe bzw. Wasserdruck.

Oesophagus (Speiseröhre), Magen, Darm und After bildeten den Verdauungstrakt, der beim rezenten *Nautilus* sehr umfangreich ist.

Unbekannt ist, ob Ammoniten 4 **Kiemen** hatten (wie der rezente *Nautilus*: „Tetrabranchiata") oder nur 2 Kiemen (wie die rezenten Coleoideen = Tintenfische und wahrscheinlich die Belemniten: „Dibranchiata").

Nachgewiesen ist bei einigen Gattungen eine **Reibezunge** (Radula), wie sie in ähnlicher Form viele rezente Schnecken haben. Der Aufbau ähnelt dem der Radula bei den rezenten Dibranchiata: 7 Zähnchen pro Querreihe. – Beim rezenten *Nautilus* stehen 13 Zähnchen pro Querreihe.

Seine **Augen** ermöglichen dem rezenten *Nautilus* lediglich Hell-Dunkel-Wahrnehmung, was offenbar ausgeglichen wird durch die Sensibilität der Tentakel für chemische Sinneseindrükke. Bei den Ammoniten müssen wir hier wieder ein Fragezeichen setzen.

Ganglien als Nervenzentren, Ovar und Geschlechtsorgane, Niere usw. – all diese Organe

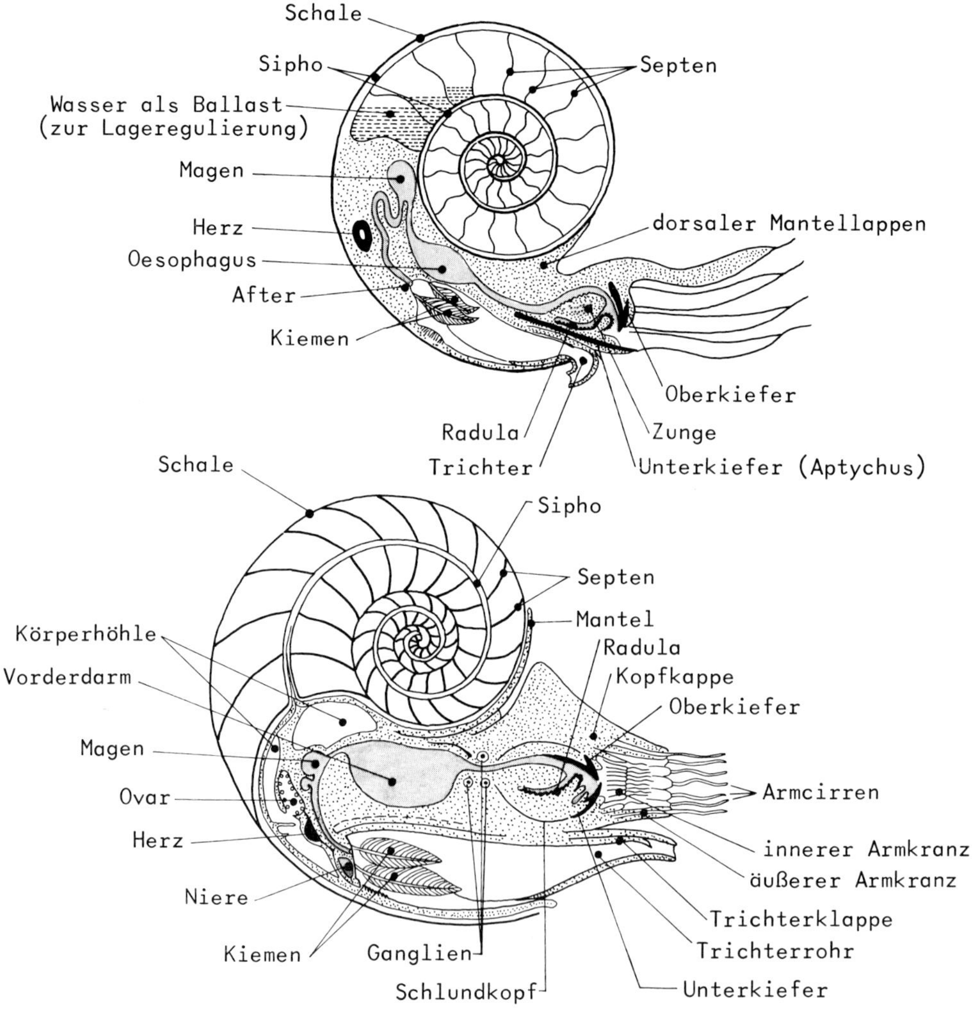


Bild 109. Rekonstruiertes Ammonitentier (ganz oben) und rezenter *Nautilus* darunter. Medianschnitte durch Gehäuse und Weichkörper (nach LEHMANN, 1975).

waren vorhanden; Ausbildung und genaue Funktion jedoch werden wohl immer unerforscht bleiben müssen. Immerhin vermitteln uns die Daten des rezenten *Nautilus* einen Eindruck, wie die innere Organisation der Ammoniten ausgesehen haben könnte.

# Ontogenese

Auch bei der Entwicklung des Einzeltieres (Ontogenese) werfen wir zuerst wieder einen Blick auf den rezenten *Nautilus*. Jedoch ist auch bei ihm z. B. die larvale Entwicklung nur wenig untersucht. Einiges aber mag uns weiterhelfen: Die Eier von *Nautilus* sind relativ groß und dotterreich (Durchmesser maximal ca. 7 mm); das Weibchen legt pro Jahr höchstens 10 Eier. Ein Larvenstadium ist nicht bekannt, ebensowenig wie bei den zahlreichen Tintenfischarten mit entsprechend dotterreichen Eiern: Die embryonale Entwicklung findet praktisch im Ei statt, aus dem schließlich das vollentwickelte Tier schlüpft, vom erwachsenen nur noch unterschieden durch die geringere Größe.

Bei den Ammoniten scheint die Entwicklung anders abgelaufen zu sein: Zwar sind Eierfunde (nur im Dünnschliff, max. Durchmesser ca. 1 mm) nicht unbedingt als gesichert anzusehen, immerhin aber würde diese geringe Eigröße mit der von Erben et al. vertretenen Ansicht über die frühontogenetische Entwicklung der Ammoniten übereinstimmen. Eine geringe Eigröße (kleines Ei = dotterarm = Larvenstadium notwendig) ist auch anzunehmen aufgrund der geringen Größe der Anfangskammer (Protoconch, Maximaldurchmesser 0,5–0,8 mm).

Das **Larvenstadium** der Ammoniten hat sich nach Erben et al. in etwa folgender Weise abgespielt: In Phase 1, die dem Entwicklungsstadium im Ei entspricht, ist praktisch nur der Protoconch mit unregelmäßiger Schalenstruktur vorhanden. Während der zweiten Phase, die nach dem Schlüpfen beginnt und etwa 1¼ bis 1½ Windungen umfaßt, werden bereits Septen gebildet (Schwebefähigkeit!); das Gehäuse wird nun schon von einer Prismenschicht aufgebaut. Wahrscheinlich lebte das Tier in diesem Larvenstadium planktonisch, vergleichbar in etwa der Veligerlarve der rezenten Gastropoden: Ein mündungsumrandender Wimpernkranz, das Velum, ermöglichte geringe Ortsveränderungen. Das Auftreten der Perlmuttschicht zeigt den Beginn der dritten Phase an und somit das Ende des Larvenstadiums. Das Gehäuse hat jetzt eine Trichterbucht und verändert sich nur noch größenmäßig.

Das Ende der ersten und zweiten Wachstumsphase ist durch „Wachstumsänderungen" gekennzeichnet.

Inwieweit das planktonische Larvenstadium der Ammoniten zur **Verbreitung der Arten** beitrug, ist noch ungeklärt. Einerseits beobachten wir gerade zu Beginn ihrer Entwicklungsgeschichte (im Devon) eine rasche Ausbreitung der Gruppe: Ammoniten tauchen schlagartig auf, in weit auseinanderliegenden Gebieten (Eifel, Südfrankreich, Spanien, Marokko, Harz, Böhmen, Ural usw.), was sich nur mit planktonischer Verdriftung erklären läßt. Andererseits kennen wir eine Vielzahl von sogenannten endemischen Gattungen und Arten, die nur in bestimmten, oft begrenzten Gebieten vorkommen. Beide Beobachtungen lassen sich jedoch zumindest teilweise in Einklang bringen, wenn man entsprechende Strömungsverhältnisse annimmt.

Dafür, daß die Larven die oberflächennahen Wasserbereiche bevorzugten, spricht besagte wahrscheinliche Strömungsverfrachtung, aber auch das dort reichlichere Nahrungsangebot und die höhere Wassertemperatur, die möglicherweise die Entwicklung begünstigte.

Der auf das Larvenstadium folgende Lebensabschnitt des Tieres brachte keine grundlegenden Formänderungen mehr, obwohl sich die Gehäuseform natürlich in gewissen Grenzen wandeln konnte. Gehäusequerschnitte zeigen deutlich die Veränderung des Windungsquerschnittes im Verlaufe der ontogenetischen Entwicklung. Die inneren Windungen können z. B. gedrungener, niedrigmündiger sein als die folgenden (110, 111). Auch die Skulptur kann sich verändern, z. B. ganz allgemein von kräftig berippt zur glatten Oberfläche (110).

Die äußere Prismenschicht des Gehäuses wird vom Mantelvorderrand produziert, die Perlmuttschicht vom mittleren und die innere

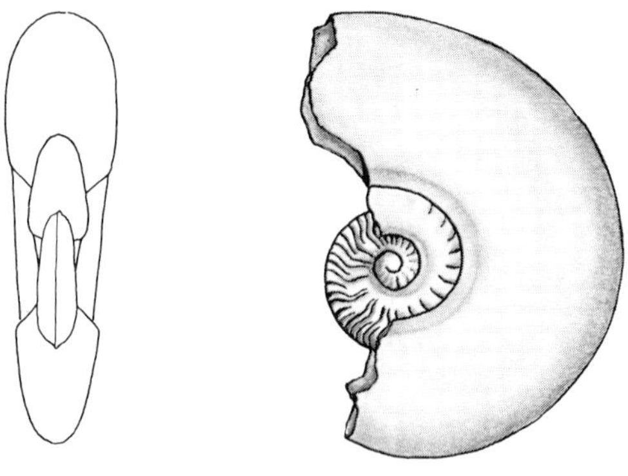

Bild 110. *Ludwigia murchisonae* (Sowerby), Mittl. Jura (Ob. Aalen). Das aufgebrochene Exemplar zeigt die Querschnitt- und Skulpturveränderungen im Verlaufe des Wachstums (nach „Treatise"). Größter Durchmesser ca. 20,5 cm.

Prismenschicht wie auch die Septenwände vom hinteren Mantelbereich.

Das Wachstum dürfte sich – analog zum rezenten *Nautilus* – in folgender Weise abgespielt haben: Mit der Verlängerung der Wohnkammer schiebt sich das Tier zur Mündung hin und läßt einen flüssigkeitsgefüllten Raum hinter sich. Sobald der neue Endzustand der Wohnkammer erreicht ist, wächst die neue Zwischenwand (Septum) von der Außenschale zur Mitte hin. Hat sie die erforderliche Stabilität (Dicke!) erreicht, wird aus der frischgebildeten Kammer Flüssigkeit abgepumpt und die Feineinstellung des Schwebezustandes vorgenommen.

Inwieweit man die Septenneubildung, also den Septenabstand, für die Ermittlung der Wachstumsgeschwindigkeit auswerten kann, ist fraglich. Bei *Nautilus* finden wir von Tier zu Tier beträchtliche Unterschiede (bei gleichem Geschlecht und Gehäusedurchmesser). Immer aber beobachten wir, daß mit Beginn des Reifestadiums die Septen enger stehen (s. Abschnitt „Allgemeines"), wahrscheinlich als Folge des nun langsameren Wachstums. Anhand von jahreszeitlichen Temperaturschwankungen (nachgewiesen durch Isotopenuntersuchungen) wurde für gewisse Ammoniten die Bildung von 12 Septen pro Jahr ermittelt.

*Nautilus* hat nach wenigstens 3 Jahren das Reifestadium erreicht, bei einem Durchmesser von ca. 20 cm und mit 30 bis maximal 35 Kammern. Röntgenographische Beobachtungen an einem lebenden Tier ergaben, daß es eine neue Kammer in ca. 7 Wochen bildet (kurz vor Erreichen des Adultstadiums). Die Septenneubildung im Bereich der inneren Windungen läuft möglicherweise schneller ab, denn hier sind die Septen dünner. Im Schnitt braucht *Nautilus* für eine Septe ca. 4,7 Wo-

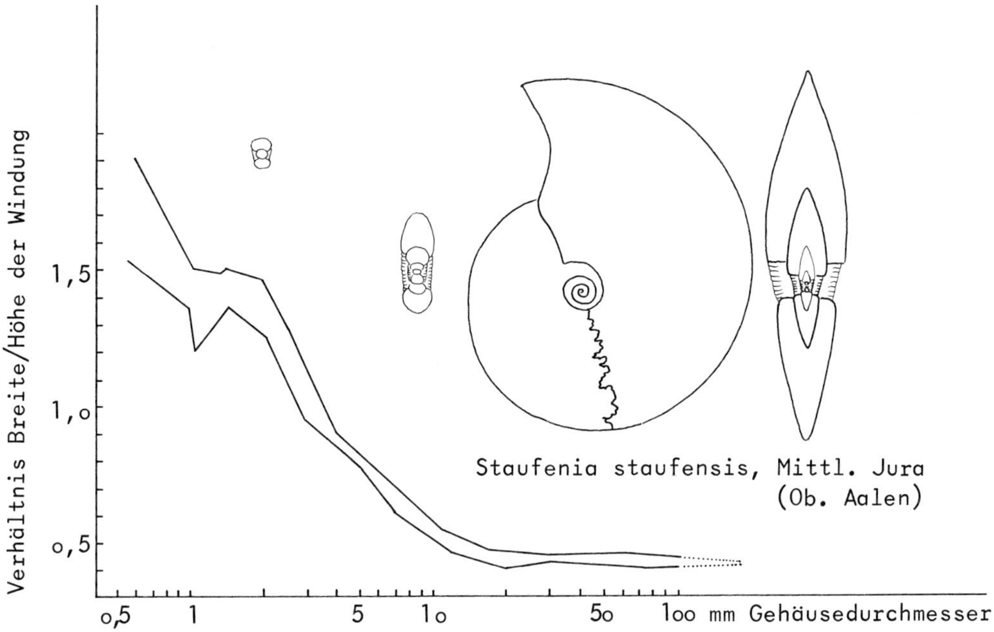


Bild 111. Veränderung des Windungsquerschnittes im Wachstumsverlauf, nachgewiesen durch Aufsägen und Aufbrechen des Gehäuses (aus ZIEGLER, 1975, nach RIEBER).

chen, wenn er es in 3 Jahren auf 33 Kammern bringt.

Da die Septenzahl bei den Ammoniten wesentlich höher liegt – zwischen 40 und 150 bei erwachsenen Tieren –, müssen wir zumindest bei einigen Arten mit wesentlich längeren **Gehäusebauzeiten** rechnen: Wahrscheinlich – je nach Endgröße – betrugen sie zwischen 1 und 6 Jahren. Über das Maximalalter der Ammoniten ist nichts bekannt. Noch nicht einmal beim rezenten *Nautilus* weiß man zuverlässig, wie alt er werden kann.

# Lebensraum und -weise

„Ohnehin sollte man meinen, daß diese pelagischen Geschöpfe, welche lebend vielleicht nie den Seegrund berührten, sondern vor dem Tageslicht in die dunkle Tiefe fliehend, fortwährend von klaren Wellen geschaukelt nur Nachts sich zur Oberfläche erhoben, von allen äußeren Einflüssen am unabhängigsten waren." Soweit QUENSTEDT (1885).
20 Jahre vorher wurde die 23. Auflage von ZIMMERMANNS „Wunder der Urwelt" gedruckt. Hier lesen wir: „Man hat versucht, ein Bild von dem lebenden Thiere zu geben ... wie wir es hier vor uns sehen [112]; nur hat [man] dabei nicht beachtet, daß die Schale dem Thiere nicht als Nachen, sondern als Schwimmblase dient, sie liegt im Wasser nicht unter, sondern das Thier liegt im Wasser und die leere Schale über demselben, oben und an der Oberfläche des Meeres erhalten. Sobald dasselbe sich soweit in den vordersten offenen Raum zurückzieht, sein ausgebreiteter Körper also nicht mehr von dem Wasser getragen wird, erhält die steinige Schale das Uebergewicht und sinkt unter."
Die **Bewegungsweise** der Ammoniten ist mittlerweile weitgehend geklärt. Ganz sicher waren es weder schnelle noch elegante und gewandte Schwimmer. Wir wissen, daß sie sich fortbewegten, indem sie aus einem Trichter Wasser ausstießen. Er war, wie man annimmt, nach „hinten" gerichtet (siehe Rekonstruktionszeichnung auf dem Frontispiz): Der Rückstoß schob das Tier in Richtung Tentakel. Betrachten wir die in Bild 113 dargestellten Gehäusetypen, so erkennen wir, daß bei vielen (*Caloceras, Normannites, Dactylioceras* usw.) Schwerpunkt und Auftriebszentrum nahe beieinander und unweit der Gehäusemitte liegen: Kräftiger, plötzlich einsetzender Schub würde also das Gehäuse unfehlbar in **Rotation** versetzt haben!
Zudem war bei vielen Ammoniten für kräftige Trichterlappen gar kein Platz vorhanden, d.h., viele Röhren waren so eng, daß muskulöse Trichter nicht untergebracht werden konnten (37, 57, 97). Dies gilt nicht für viele Nautiliden, z. B. auch nicht für rezente Arten. Und selbst der kräftige *Nautilus* vermag trotz seines relativ starken Trichterschubes weder schnell noch besonders zielgerichtet zu schwimmen. Seine Fortbewegung erinnert an einen müßigen oder gar betrunkenen Spaziergänger.
Der Schwebe- oder **Siphonalapparat** dient nicht der aktiven vertikalen Fortbewegung. Er hält lediglich Gehäuse samt Körper konstant im hydrostatischen Gleichgewicht und ermöglicht so das „Schweben" in beliebiger Wassertiefe. Ortsveränderungen erfolgten durch sanften Schub bzw. **Rückstoß**. Daß der Trichter beweglich und somit auch Fortbewegung nach oben und unten möglich war, ist sicher. Die Bewegungsrichtung wurde also durch die Rückstoßrichtung bestimmt.
Es ist unnötig, die Funktion des Siphonalapparates mit aller Gewalt so auslegen zu wollen, daß über die Erhaltung des hydrostatischen Gleichgewichtes hinaus gezielte Auf- und Abbewegung durch Ab- bzw. Einpumpen von Flüssigkeit möglich gewesen sein soll. Auf- und Absteigen durch Schub war viel einfacher und ging vor allem auch wesentlich schneller. Zudem wurde beim rezenten *Nautilus* noch nie Kammerfüllung (zum Zwecke des Absinkens) durch „Einpumpen" beobachtet.

Bild 112. Holzschnitt aus Louis FIGUIER (1819–1894), La Terre avant le déluge (Die Erde vor der Sintflut), 5. Auflage (1866). So stellte er sich einen lebenden Ammoniten vor. (Gleiche Abb. bei ZIMMERMANN 1865.)

Früher wurde den scharfrückigen und hochmündigen Formen als Lebensraum die Hochsee zugewiesen: Sie galten als „elegante und schnelle Schwimmer". Die plumpen, kugeligen Formen aber sollten im Flachmeer, evtl. im Strandbereich gelebt haben. Beides ist mehr oder weniger falsch. Gerade die diskusförmigen Gehäuse wären bei kräftigem Schub schnell ins Rotieren gekommen. Sie boten zudem kaum Platz für kräftig entwickelte Trichterlappen. Auch spielte eine „Stromlinienform" keine Rolle: Langsame Fortbewegung war obligatorisch! Kräftige Skulptur hätte sich also nicht störend ausgewirkt. Man nimmt an, daß die meisten Ammoniten in Bodennähe lebten, sich wohl knapp über dem Meeresgrund aufhielten, langsam mittels Schub fortbewegten und vielleicht sogar die Tentakel beim Kriechen zu Hilfe nahmen.

Gegen übermäßig aktive freischwimmende Lebensweise spricht u.a. auch die Existenz zahlreicher an bestimmte Gebiete gebundene

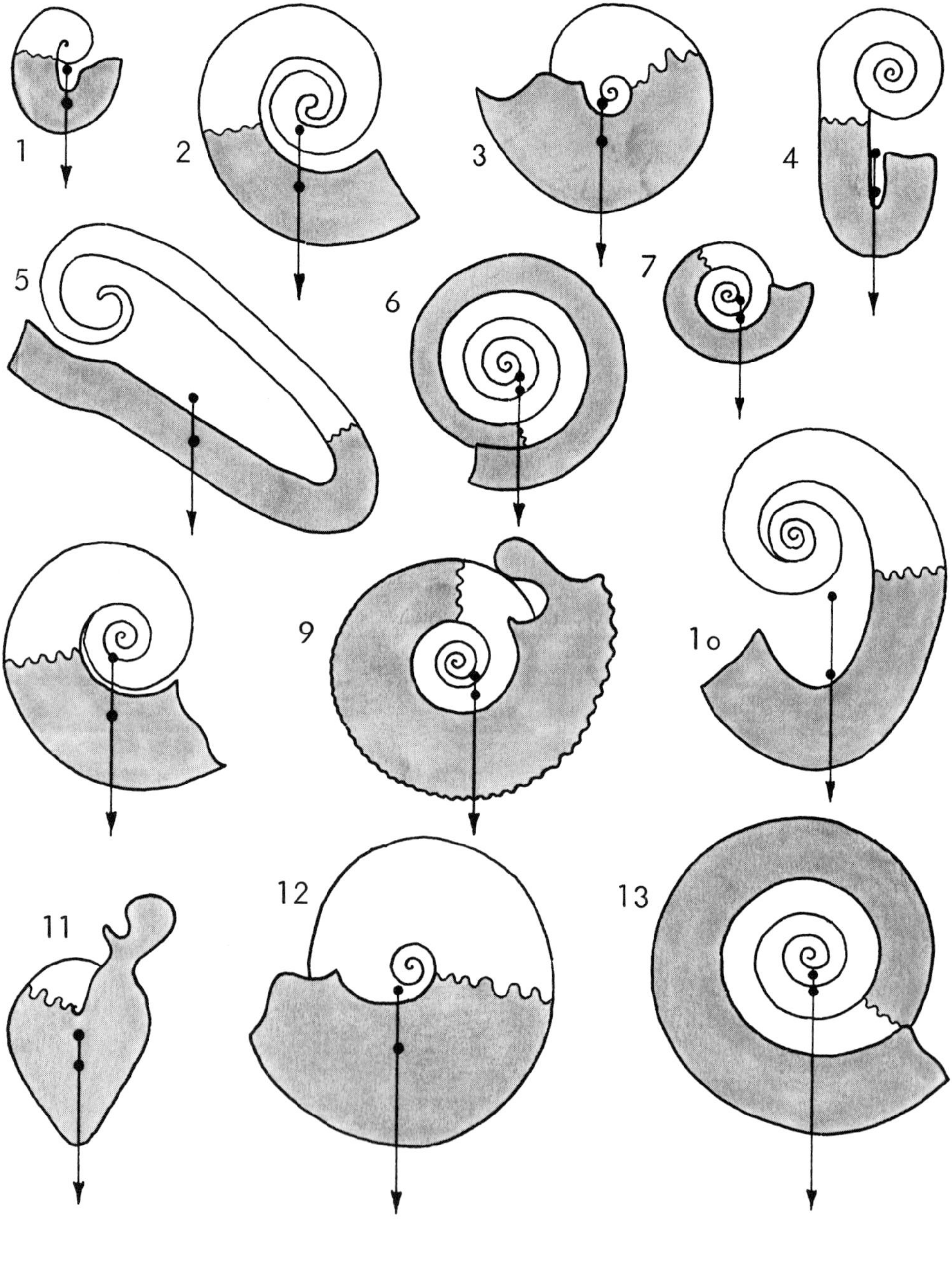
1
2
3
4
5
6
7
8
9
10
11
12
13

Arten. Diese endemischen Formen treten in verschiedenen Ablagerungsbereichen auf und waren offensichtlich zum Ortswechsel nicht befähigt, breiteten sich also „nicht über die Heimat“ hinaus aus. Inwieweit andere Arten mit geographisch weitgestreutem Auftreten planktonisch im Larvenstadium oder aktiv schwimmend expandierten, muß noch geklärt werden.

Die **bevorzugte Wassertiefe** variiert stark je nach Art bzw. Gruppe: Die meisten Ammoniten aber lebten sicherlich im Schelfmeer, in Bereichen zwischen 50 und 250 m Tiefe, jedenfalls unterhalb der gut durchlichteten Zone. Die Clymenien z. B., eine im Ob. Devon verbreitete Ordnung, bevorzugten sehr flaches Wasser, andere Gruppen dagegen größere Wassertiefen (z. B. Phylloceraten, Lytoceraten).

Eine reine Ammonitenfauna erlaubt in der Regel keine Aussagen über die Wassertiefe des Lebensraumes. Wir sind bei derartigen Untersuchungen auf die Aussagen der Begleitfauna angewiesen: Muscheln, Schnecken, Röhrenwürmer, Seeigel usw. ermöglichen durch Vergleiche mit rezenten Verwandten eher Rückschlüsse auf den Lebensraum und damit die Wassertiefe.

Interessante Untersuchungen über **Ammoniten-Ökologie** im Ob. Jura veröffentlichte ZIEGLER. Die Ergebnisse lassen sich natürlich nicht oder nur mit großer Vorsicht auf andere Gebiete und Schichten übertragen. Zu bedenken ist grundsätzlich, daß die Ammoniten am Ort der Einbettung gelebt haben müssen, also nicht postmortal von weit her verdriftet sein dürfen. Weiterhin können Ökofaktoren wie Wassertemperatur, Licht, Strömung, Nahrungsangebot usw. die jeweils als Lebensraum bevorzugte Tiefe beeinflußt haben.

Bild 113. Durch Auftriebszentrum und Schwerpunkt bestimmte Gleichgewichtslage verschiedener Ammonitengehäuse im Wasser (nach TRUEMAN, 1941). Wohnkammer geschummert, Phragmokon weiß; oberer Punkt = Auftriebszentrum, unterer Punkt = Schwerpunkt. 1 *Scaphites*, 2 *Crioceratites*, 3 *Ludwigia*, 4 *Macroscaphites*, 5 *Lytocrioceras*, 6 *Caloceras*, 7 *Promicroceras*, 8 *Hoplocrioceras*, 9 *Normannites*, 10 *Aspinoceras*, 11 *Oecoptychius*, 12 *Sigaloceras*, 13 *Dactylioceras*.

Hier nun auszugsweise ZIEGLERS Ergebnisse:

**0–20 m**. Riffkorallen vorherrschend; Muscheln (vor allem Austern), Schnecken (Nerineiden), reguläre Seeigel. Ammoniten fehlen oder sind sehr selten.

**20–50 m**. Muscheln vorherrschend; Riffkorallenfaunen seltener; Schnecken (vor allem *Harpagodes*-Arten), auch irreguläre Seeigel. Ammoniten sind selten (Perisphinctiden und/oder Aspidoceraten).

**40–70 m**. Muscheln (häufig *Entolium*) und Ammoniten bestimmen das Faunenbild; Schnecken selten, irreguläre Seeigel mitunter häufig. Der Ammonitenanteil an der Gesamtfauna beträgt 20–30% (fast ausschließlich Perisphinctiden und Aspidoceraten).

**80–100 m**. Vorherrschend Ammoniten (vor allem Perisphinctiden, seltener Aspidoceraten und „Oppelien“); Muscheln treten zurück. Brachiopoden häufig, auch irreguläre und reguläre Seeigel. Kieselschwämme können häufig sein. Unter den Schnecken tritt *Bathrotomaria* hervor.

**150–200 m**. Vorherrschend Ammoniten („Oppelien“ häufiger als Perisphinctiden und Aspidoceraten: „mitteleuropäische Fauna“).

**300–500 m**. Vorherrschend Ammoniten (vor allem Phylloceraten und Lytoceraten: „mediterrane Fauna“; Perisphinctiden und Aspidoceraten stellenweise noch häufig). Brachiopoden, irreguläre Seeigel. Schnecken und Muscheln treten sehr selten auf (außer pseu-

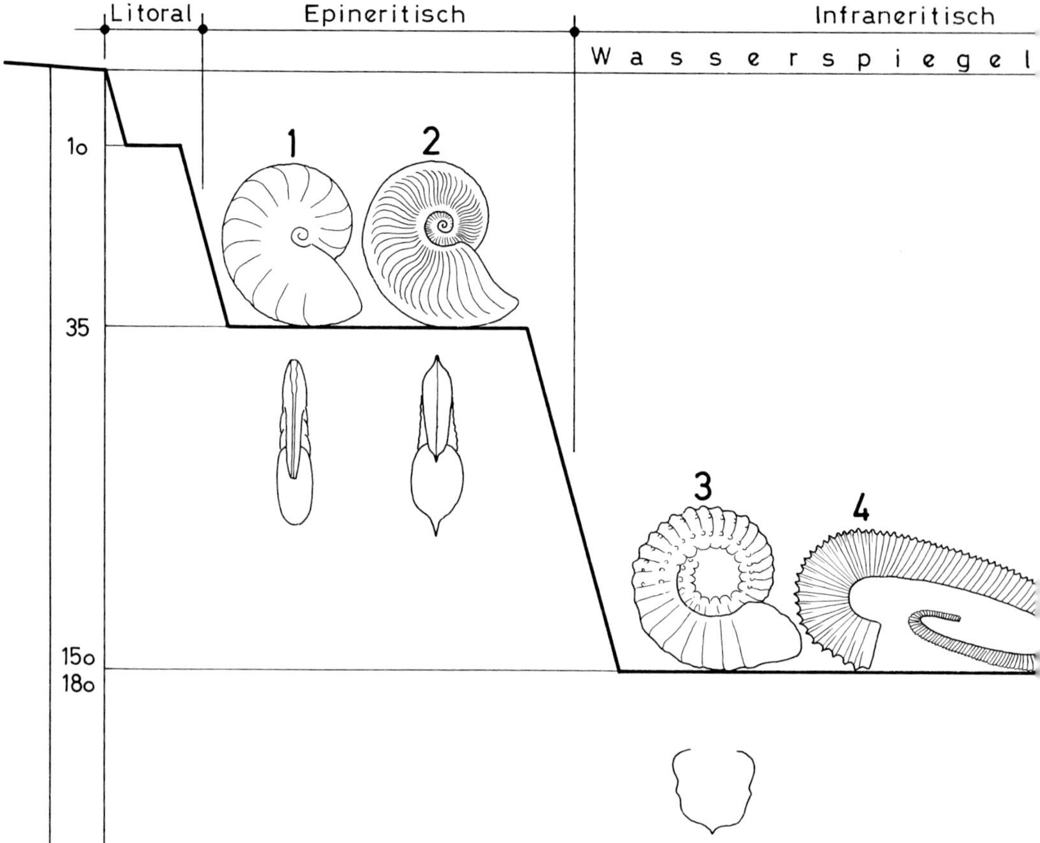


1 Engonoceras; involut oder convolut, WQ hochmündig, Skulptur schwach

2 Oxytropidoceras; involut, WQ hochoval, scharfer Kiel, Skulptur stärker als bei Engonoceras

3 Mortoniceras; mäßig evolut, WQ rundlich, gekielt, Skulptur grob

4 Hamites; heteromorph (hamiticon)

5 Hypacanthoplites; mäßig involut, WQ hoch-trapezförmig, Skulptur kräftig

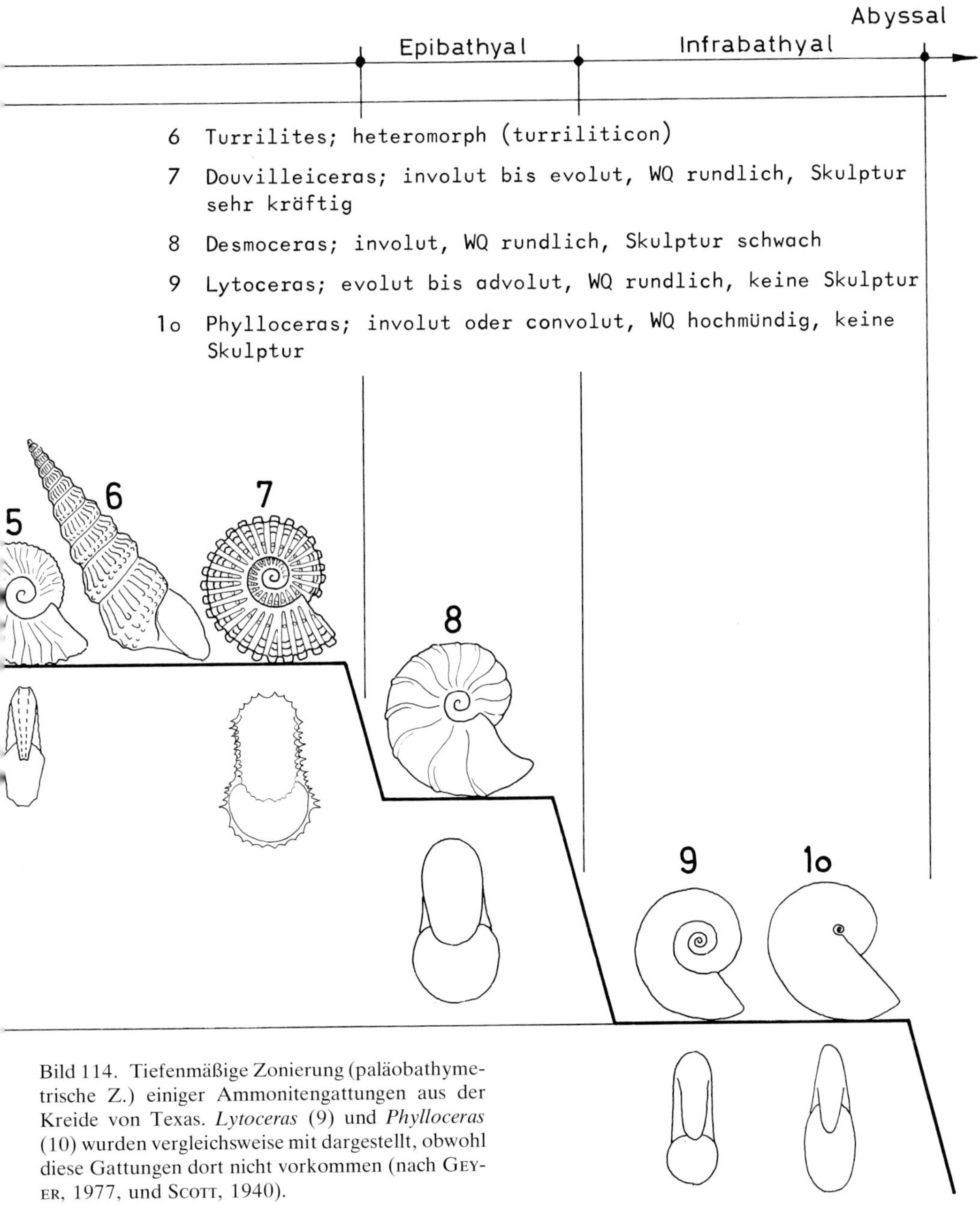


Bild 114. Tiefenmäßige Zonierung (paläobathymetrische Z.) einiger Ammonitengattungen aus der Kreide von Texas. *Lytoceras* (9) und *Phylloceras* (10) wurden vergleichsweise mit dargestellt, obwohl diese Gattungen dort nicht vorkommen (nach GEYER, 1977, und SCOTT, 1940).

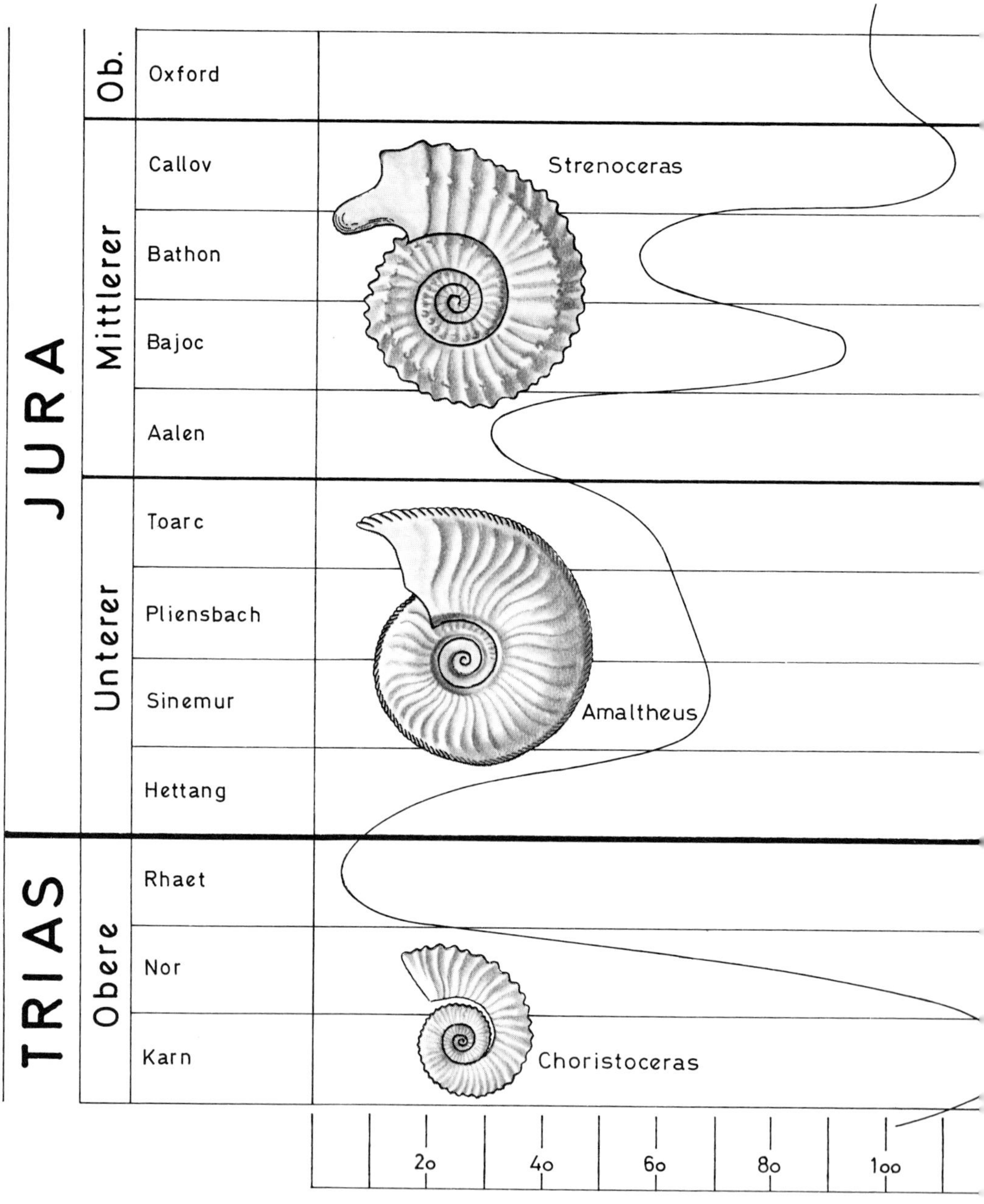
JURA
TRIAS
Ob.
Mittlerer
Unterer
Obere
Oxford
Callov
Bathon
Bajoc
Aalen
Toarc
Pliensbach
Sinemur
Hettang
Rhaet
Nor
Karn
Strenoceras
Amaltheus
Choristoceras
20
40
60
80
100

doplanktonischen Formen wie z.B. *Inoceramus*: auf Treibholz verfrachtet).

**Unter 500 m**. Makrofossilien fehlen oder sind sehr selten.

Bild 114 zeigt uns die **tiefenmäßige Zonierung** einer kreidezeitlichen Ammonitenfauna, ermittelt in einer klassischen Arbeit von SCOTT (1940) aufgrund der Faunenelemente, der Sedimentbeschaffenheit und anderer palökologischer wie auch paläogeographischer Faktoren.

Über bevorzugte Wassertemperaturen ist nichts bekannt. Die Formenfülle nimmt jedoch zu den Polen hin ab: Es wurden offensichtlich warme oder wenigstens gemäßigte Meeresbereiche bevorzugt.

Da Ammoniten weder in Brackwasser noch in limnischen bzw. fluviatilen Ablagerungen auftreten, scheint der Salzgehalt des Wassers ein wichtiger Faktor für den Lebensraum gewesen zu sein, war aber möglicherweise nur als Grundbedingung gefordert. – Der Grad der Salinität war vielleicht weniger wichtig, solange kein Süßwasser dazukam. Ammoniten waren also reine Meerestiere.

Der rezente *Nautilus* ernährt sich von allerlei, ist jedenfalls nicht wählerisch: Lebende Tiere und Aas, Krebse und kleine Fische, Würmer und Weichtiere werden einverleibt. Der **Speiseplan der Ammoniten** sah wohl ebenfalls sehr bewegt aus, wenn auch größere und vor allem schnelle Objekte sicher fehlten: Zu räuberischen Angriffen oder auch nur zum Zugreifen aus einer Lauerstellung heraus waren die Tiere

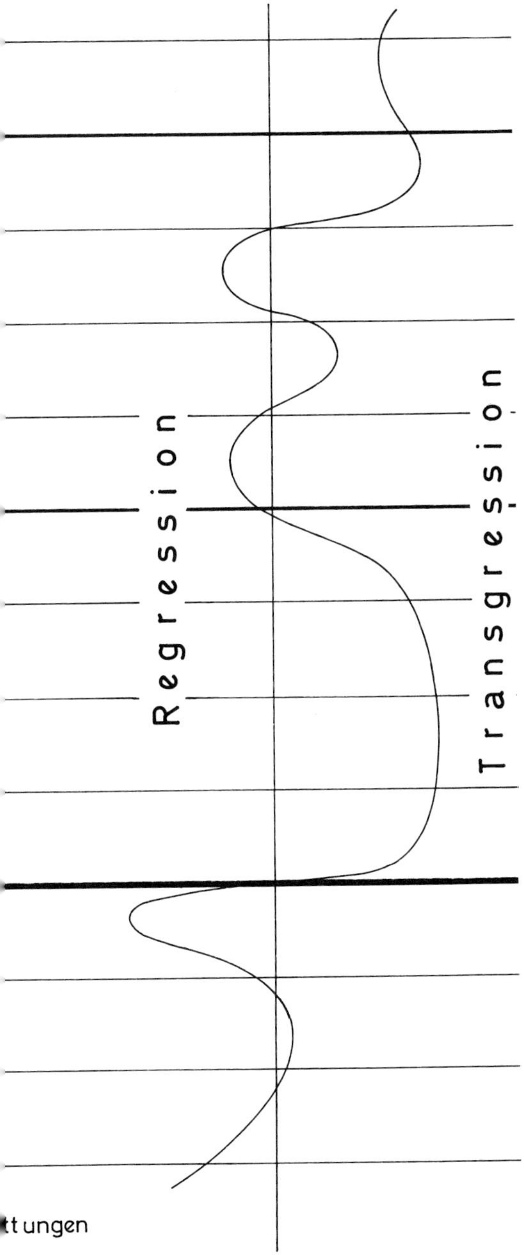


Bild 115. Beziehung zwischen Re- und Transgression und der Zahl der Ammonitengattungen (nach ZIEGLER, 1975). Da die Gattungszahl nach dem heutigen Kenntnisstand höher liegt, würde die Kurve bei entsprechender Berücksichtigung anders verlaufen.

nicht in der Lage. Eher ist daran zu denken, daß der Meeresboden „abgeschnüffelt“ und alles an Kleingetier, was nicht schnell genug wegkam oder nicht zu groß war, verschluckt wurde. Dabei ist vor allem an Ostracoden (Schalenkrebse) zu denken, an Foraminiferen, kleine Krebstiere, Brachiopoden- und andere Brut, auch an kleine Ammoniten, Haarsterne, freischwimmende Seelilien (*Saccocoma*) usw. Die Beutegröße stand sicher in Relation zur Größe der Ammoniten. Ob allerdings auch Fische usw. zu den Beutetieren gehörten, bleibt sehr fraglich. Gut möglich, daß z. B. auch Bryozoen abgeschabt oder sonstwie „abgeweidet“ wurden. Sicher stand auch Aas auf der Speisekarte.

Falls die Aptychen tatsächlich Unterkiefer waren, so läge hier ihre Funktion: Schaufelartig über den Grund geschoben, das Sediment aufwühlend, dienten sie als „Bagger“. Was freigelegt wurde, ergriffen die Tentakel und führten es zur Mundöffnung. Zum Zerkleinern größerer Beutestücke waren die Kiefer sicher ungeeignet.

Da die Ammoniten einerseits unterhalb der durchlichteten (pflanzenführenden) Zone lebten, andererseits ohnehin kein Instrument zur Zerkleinerung von Tangen etc. hatten (die Radula war sicher nicht leistungsstark genug), können wir die Möglichkeit, daß sie von frischer pflanzlicher Nahrung lebten, ausscheiden. Nicht gelten muß das für den Verzehr von auf Grund gesunkenen, abgestorbenen und verrotteten Pflanzen.

Da die starke Ausbreitung der fleischfressenden Meeresschnecken erst nach dem Aussterben der Ammoniten einsetzte, liegt die Vermutung nahe, daß die Ernährungsweise dieser beiden Gruppen ähnlich war. Die rezenten carnivoren Schnecken wirken als eine Art Abfallverwerter, d.h., sie arbeiten Aas auf usw. Mag sein, daß diese ökologische Nische vorher von den Ammoniten belegt war.

Ganz sicher hatten die Ammoniten viele Feinde und waren als **Beutetiere** geschätzt. Das Gehäuse bot Schutz, sofern der Angreifer nicht wesentlich größer war. Auch wird die benthonische Lebensweise das Überleben begünstigt haben, denn Angreifer konnten nur von oben kommen. Jagd auf Ammoniten machten sicher Reptilien, Fische, Krebse usw., aber auch jeweils größere Ammoniten (!). Hin und wieder stoßen wir auf beschädigte und verheilte Gehäuse (s. Abschnitt „Frakturen“) oder auf die Gehäusebruchstücke weniger glücklicher Tiere. Bestimmt dürfte ein Teil der bereits zerbrochen eingebetteten Gehäuse auf derartige „Unfälle“ zurückzuführen sein. Der „Bestand“ der Ammoniten war jedoch durch ihre Feinde niemals bedroht.

Offensichtlich gibt es einen Zusammenhang zwischen der Ausbreitung der Ammoniten und der Ausdehnung des Schelfmeeres. Wenn in Zeiten großflächiger Regression das Meer Land freigab und der Kontinentalsockel schmal wurde (mitunter sicher auch ganz wegfiel), beobachten wir einen zahlenmäßigen Rückgang der Gattungen. Die Graphik (115) zeigt die frappante Übereinstimmung der Kurven der Ammonitenverbreitung und der von Re- und Transgression. Interessant die einschneidende Regression an der Wende Trias/Jura: Damals hätten es die Ammoniten fast nicht mehr geschafft!

Grundsätzlich müssen wir bei Aussagen über Lebensraum und Lebensweise davon ausgehen, daß die ermittelten Werte wohl für diese oder jene Gruppe zutreffen, nicht aber mit allen Einzelheiten auf andere Gruppen übertragen werden können. Bestimmt gab es bei den Ammoniten zahlreiche Spezialisten für bestimmte Lebensräume oder Nahrung.

# Geschlechtsdimorphismus

In den letzten Jahrzehnten wurde dem Problem der geschlechtlich bedingten Formtrennung bei Ammoniten verstärkt Aufmerksamkeit gewidmet. Daraus könnten beträchtliche nomenklatorische Konsequenzen erwachsen: So muß beispielsweise, wenn sich zwei verschieden benannte Gehäuseformen als weibliches und männliches Tier einer Art herausstellen, ein Name gestrichen werden. Es gilt dann der ältere Name, also der der zuerst beschriebenen „Art“ für beide Formen (Prioritätsgesetz). Derartige Revisionen sind seit längerem im Gange. Mag sein, daß die Namensvielfalt auf diese Weise etwas gelichtet werden wird. Theoretisch könnte die Artenzahl auf die Hälfte reduziert werden: Jedem Weibchen sein Männchen!

Andererseits war der Geschlechtsdimorphismus sicher nicht bei allen Arten so ausgeprägt, daß die Gehäusemerkmale der weiblichen und männlichen Tiere klar abgrenzbar differierten. Beim rezenten *Nautilus* z. B. unterscheiden sich die Gehäuse von Männchen und Weibchen nur wenig.

Überlegungen über einen möglichen Sexualdimorphismus bei den Ammoniten wurden schon im vorigen Jahrhundert angestellt, vor allem von französischen Forschern (Henri Marie Ducrotay de Blainville, 1778–1850; Alcide d'Orbigny, 1802–1857; E. Munier-Chalmas). Aber erst die nahezu gleichzeitig erschienenen (1963) Arbeiten zweier Forscher – J.H. Callomon und H. Makowski – bewiesen den Geschlechtsdimorphismus endgültig und fanden weitgehend Anerkennung durch die Fachwelt.

Daß es formähnliche bis formgleiche, lediglich größenmäßig geschiedene Ammoniten in einer Schicht gibt, wurde schon früher beobachtet, aber meist nicht als Sexualdimorphismus gedeutet. Heute nehmen wir diesen an beim sicheren Auftreten zumindest folgender Merkmale: Die Innenwindungen beider Formen sind gleich oder im Rahmen einer bestimmten Variationsbreite ähnlich; beide „Arten“ verbindende Übergangsformen sind nicht bekannt; beide Formen treten mit gleicher vertikaler Reichweite und gemeinsam im Gestein auf.

Callomon nannte die großwüchsigen Formen **Makrokonche**, die kleinwüchsigen **Mikrokonche** (116). Diese Bezeichnungen haben sich eingebürgert. Man nimmt an, daß der Makrokonch dem Gehäuse des weiblichen Tieres entspricht. Bei den Weibchen tritt die Geschlechtsreife später ein. Sie sind zu diesem Zeitpunkt größer als das gerade geschlechtsreif gewordene Männchen. Die weiblichen Tiere waren wahrscheinlich bei Erreichen der Reife etwa doppelt so alt wie die männlichen.

Makowski führte seine Untersuchungen u. a. an Material aus Łukow in Ostpolen (ca. 100 km südöstlich Warschau) durch. Die dort abgebauten Glimmertone des Mittl. Jura (Callov) wurden durch eiszeitliche Gletscher wahrscheinlich aus dem Gebiet von Popilany in Litauen an ihren heutigen Platz verfrachtet. Die extrem individuenreiche, jedoch relativ artenarme Ammonitenfauna (begleitet von Muscheln, Schnecken und Scaphopoden) ist in Phosphoritknollen erhalten. Die Bilder 40, 75, 117 und 118 zeigen einige Funde aus Popilany. Sowohl in Łukow wie auch in Popilany entsprechen Makro- und Mikrokonche einander

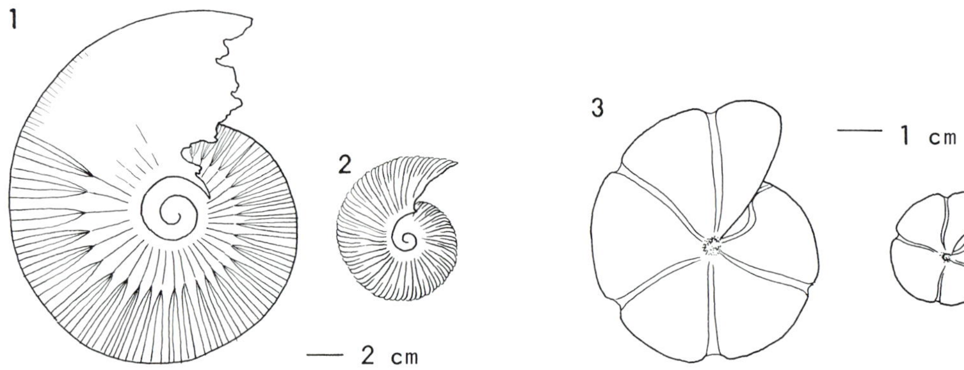


Bild 116. Makro- und Mikrokonch (nach CALLOMON, 1963, und MAKOWSKI, 1962). 1 *Macrocephalites (Macrocephalites) cf. sceptifer,* Makrokonch; Mittl. Jura (Callov; *calloviense*-Zone, *enodatum*-Subzone); Herznach (Schweiz). 2 *Macrocephalites (Dolikephalites) uhligi,* Mikrokonch; Herkunft wie *M. (M.) cf. sceptifer.* 3 *Cheiloceras subpartitum* (MÜNSTER), Makro- und Mikrokonch, Ob. Devon (Famenne, Nehden).

Bild 117. Ausgewachsener Mikrokonch von *Quenstedtoceras henrici* DOUVILLÉ aus dem Mittl. Jura (Ob. Callov) von Popilany (Litauen); ca. 5,8 cm.

in etwa mengenmäßig, wenn berücksichtigt wird, daß vor allem Makrokonche unvollständig überliefert sind. Makrokonche haben im Schnitt 8–9 Windungen, Mikrokonche selten mehr als 6–8. Das heißt also, daß z. B. die 6 inneren Windungen beider Formen identisch sind – bei einem Gehäusedurchmesser von 5–6 cm. Im Jugendstadium sind Männchen und Weibchen ohne Lobendrängung nicht unterscheidbar.

Die Mikrokonche zeigen jedoch bei dem genannten Durchmesser nun schon alle Zeichen der Geschlechtsreife (Lobendrängung usw.), sind also ausgewachsen (117). Die Makrokonche bilden noch 2 Umgänge und erreichen einen Enddurchmesser von ca. 14–18 cm, wobei die bis zur sechsten Windung vorhandene Skulptur schwächer wird und auf dem letzten Umgang schließlich ganz verschwindet; außerdem wird der Windungsquerschnitt stark verbreitert (118). Das Windungsverhältnis von 8 zu 6 trifft übrigens für viele Ammoniten mit deutlich ausgeprägtem Sexualdimorphismus zu.

Die Frage, welcher Makro- zu welchem Mikrokonch gehört, läßt sich bei geringer Artenzahl ganz gut beantworten, stellt einen aber bei

artenreichen Faunen naturgemäß vor Schwierigkeiten. Kreideammoniten mit deutlichem Dimorphismus kennt man nur wenige, z. B. *Scaphites* (12), *Hoploscaphites* (49), *Leopoldia, Olcostephanus* und *Favrella*.
Sogenannte **Ohren** (seitlich angeordnete Mündungsapophysen, 53, 55, 56) treten nur bei Mikrokonchen auf und nur bei Ammoniten aus Mittl. und Ob. Jura, selten bei Kreideformen. Möglicherweise hängt dies mit dem im Verlaufe der Stammesgeschichte bis gegen Ende der Jurazeit immer stärker ausgeprägten Geschlechtsdimorphismus zusammen.
Über Zweck und/oder Bedeutung dieser Ohren gibt es nur Mutmaßungen. Sicher weiß man lediglich, daß Ohrenbildung erst mit Erreichen der Geschlechtsreife auftritt. Möglicherweise dienten die Ohren als Schutz – visierartig! – gegen Versuche des wesentlich größeren und stärkeren Weibchens, das männliche Tier aus der Schale zu ziehen und zu fressen (nach der Paarung). Die rezente Tierwelt bietet zahlreiche Beispiele dieser Art, wo das Männchen nach der Paarung gefressen wird bzw. werden soll, sofern es sich nicht intelligenterweise rechtzeitig aus dem Staub macht.
Offensichtlich zusammengehörige Makro- und Mikrokonche treten gelegentlich in stratigra-

Bild 118 (oben). Noch nicht ausgewachsener Makrokonch von *Quenstedtoceras henrici* DOUVILLÉ aus dem Mittl. Jura (Ob. Callov) von Popilany (Litauen); ca. 10 cm. Die Gehäuse ausgewachsener Tiere erreichen über 14 cm.

Bild 119. Gehäuse von *Brasilia bradfordensis* (BUCKMAN) mit Mündung; ca. 11 cm. Die letzte Gaskammer vor der Wohnkammer wurde schwarz eingefärbt. Mittl. Jura (Ob. Aalen); Beaminster, Dorset (England).

9. Ordnung: **Ancyloceratida**. Kreide. Heteromorphe Formen, teilweise bereits wieder eingerollt wie z. B. bei *Douvilleiceras, Deshayesites* und *Dufrenoyia* (wobei in diesen Fällen die Zugehörigkeit zur Ordnung nur durch Untersuchung der Primärsutur erkannt wurde). *Macroscaphites, Crioceratites, Emericiceras* (32),

| | | |
|---|---|---|
| 122 | 124 | 126 |
| 123 | 125 | 127 |

Bild 122. *Protornoceras planidorsatum* (MUENSTER), Ob. Devon (Famenne); Saoura (Marokko); ca. 1,5 cm. Ordnung Goniatitida, Familie Tornoceratidae.

Bild 123. *Sporadoceras biferum* (PHILLIPS), Ob. Devon (Famenne); Saoura (Marokko); ca. 6,7 cm. Der gesamte äußere Umgang entspricht der Wohnkammer. Ordnung Goniatitida, Familie Cheiloceratidae.

Bild 124. *Prionoceras sulcatum* (MUENSTER), Ob. Devon (Famenne); Saoura (Marokko); ca. 3,3 und 3,1 cm. Ordnung Goniatitida, Familie Cheiloceratidae.

Bild 125. *Ceratites cf. similis* RIEDEL, Ob. Muschelkalk (Ceratitenschichten, *similis*-Zone); Crailsheim (Württ.); ca. 10 cm. Lobendrängung vor der teilweise erhaltenen Wohnkammer. Ordnung Ceratitida, Fam. Ceratitidae.

Bild 126. *Discoceratites dorsoplanus* (PHILIPPI), Ob. Muschelkalk (Discoceratiten-Zone); Würzburg (Franken); ca. 19,5 cm. Flachscheibenförmig, mit schmalem, geradem Venter. Ordnung Ceratitida, Familie Ceratitidae.

Bild 127. *Jovites cf. dacus* (MOJSISOVICS), Ob. Alpine Trias (Karn, Hallstätter Kalk); Feuerkogel bei Hallstatt (Oberösterreich): ca. 6,5 cm; Gehäuse ellipticon. Ordnung Ceratitida, Familie Haloritidae.

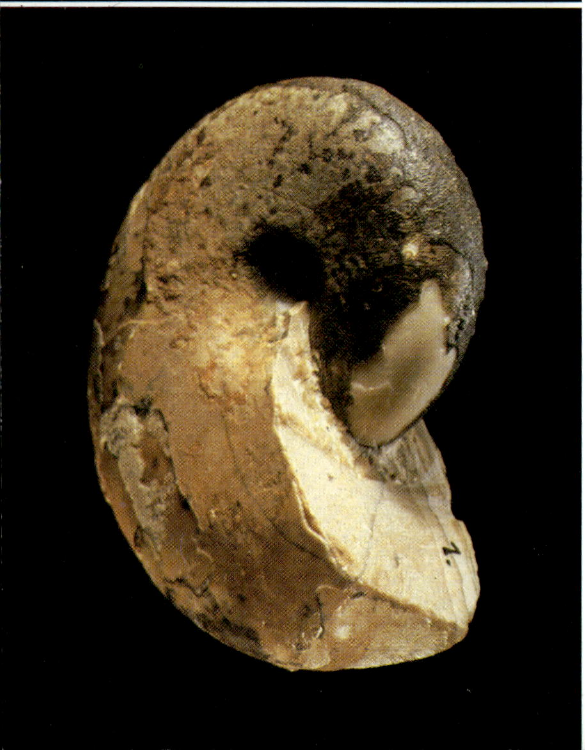

*Ancyloceras* (5, 48), *Pseudothurmannia* (47), *Hamites* (50), *Baculites* (11), *Allocrioceras* (45), *Turrilites* (51), *Hyphantoceras* (52, 174),

| | | | |
|---|---|---|---|
| 128 | | 130 | 132 |
| 129 | | 131 | 133 |

Bild 128. *Arcestes sp.,* Ob. Alpine Trias (Karn, Hallstätter Kalk); Feuerkogel bei Hallstatt (Oberösterreich); ca. 4,5 cm; Gehäuse ungenabelt, Mündung erhalten. Zur Gattung *A.* gehören zahlreiche Untergattungen und Arten. Ordnung Ceratitida, Familie Arcestidae.

Bild 129. *Megaphyllites jarbas* (MUENSTER), Ob. Alpine Trias (Unt. Karn, Hallstätter Kalk); Feuerkogel bei Hallstatt (Oberösterreich); ca. 5,5 cm. Teilweise beschalter Steinkern; der äußere Umgang entspricht in etwa der Wohnkammer. Ordnung Ceratitida, Familie Megaphyllitidae.

Bild 130. *Phylloceras supraliasicum* POMPECKJ, pyritisiertes Exemplar aus dem Unt. Jura (Ob. Toarc, Schwarzjura ς) von Mistelgau bei Bayreuth; ca. 4 cm. Ordnung Phylloceratida, Familie Phylloceratidae.

Bild 131. *Lytoceras jurense* (ZIETEN), Unt. Jura (Ob. Toarc, Schwarzjura ζ); Umgebung von Reutlingen (Württ.); ca. 10 cm; Steinkern. Ordnung Lytoceratida, Familie Lytoceratidae.

Bild 132. *Schlotheimia polyeides* LANGE, pyritisiertes Exemplar aus dem Unt. Jura (Ob. Hettang, Schwarzjura α 2) von Buer bei Melle (Niedersachsen); ca. 6,5 cm. Ordnung Ammonitida, Familie Schlotheimiidae.

Bild 133. *Uptonia jamesoni* (SOWERBY), Unt. Jura (Unt. Pliensbach, *jamesoni*-Zone); Caen, Calvados (Frankreich); ca. 14,5 cm; calcitisch überliefert. Ordnung Ammonitida, Familie Polymorphitidae.

*Cirroceras* (175), *Scaphites* (12), *Hoploscaphites* (49), *Douvilleiceras* (46), *Deshayesites*, *Dufrenoyia* (176).

| | | |
|---|---|---|
| 137 | 136 | 138 |
| 135 | 134 | 139 |

Bild 134. *Amaltheus gibbosus* (SCHLOTHEIM), Unt. Jura (Ob. Pliensbach, Schwarzjura δ, *margaritatus*-Zone); Mögglingen bei Aalen (Württ.); ca. 8,5 cm. Nur durch den Knotenbesatz auf den Innenwindungen von A. margaritatus zu trennen. Schalenerhaltung, mit aufsitzenden Pyritkristallen; Spiralstreifung. Ordnung Ammonitida, Familie Amaltheidae.

Bild 135. *Peronoceras beurleni* (MONESTIER), Unt. Jura (Unt. Toarc), Le Clapier bei Lodève (Südfrankreich); ca. 3,9 cm. Ordnung Ammonitida, Familie Dactylioceratidae.

Bild 136. *Catacoeloceras crassum* (YOUNG & BIRD), Unt. Jura (Unt. Toarc, Schwarzjura ε); Möning bei Neumarkt (Oberpfalz); ca. 5,5 cm. Ordnung Ammonitida, Familie Dactylioceratidae.

Bild 137. *Harpoceras falcifer* (SOWERBY), Unt. Jura (Unt. Toarc, *falcifer*-Zone); Le Clapier bei Lodève (Südfrankreich); ca. 4 cm. Durch Oxidation limonitisierter Skulptursteinkern. Ordnung Ammonitida, Familie Hildoceratidae.

Bild 138. *Hildaites proserpentinum* (BUCKMAN) mit *Pseudomytiloides*, Unt. Jura (Unt. Toarc, Schwarzjura ε, *falcifer*-Zone); Unterstürmig bei Forchheim (Franken); ca. 9 cm. Ordnung Ammonitida, Familie Hildoceratidae.

Bild 139. *Pleydellia aalensis tenuicostata* THEOBALD & MOINE, Unt. Jura (Ob. Toarc, *aalensis*-Zone); La Verpillière bei Lyon (Frankreich); ca. 3,6 cm; beschaltes, limonitisiertes Exemplar. Ordnung Ammonitida, Familie Hildoceratidae.

140 | 143 | 145
141 | | 146
142 | 144 |

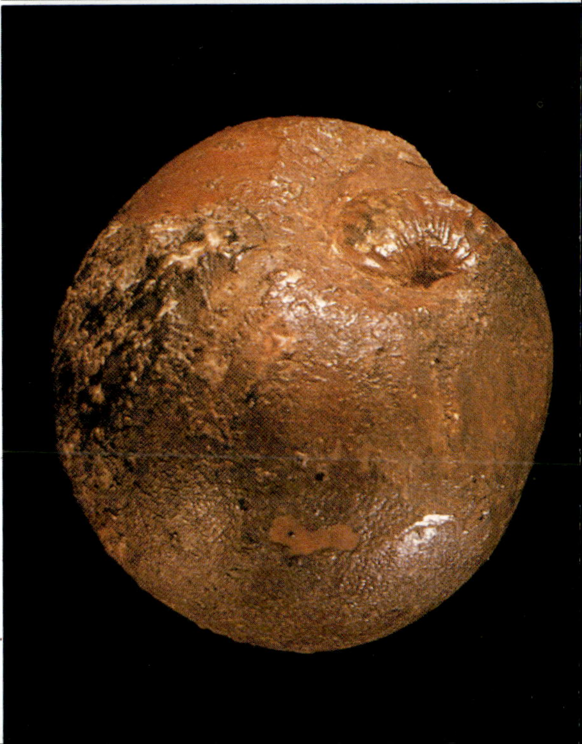

Bild 140. *Hammatoceras speciosum* JANENSCH, Unt. Jura (Ob. Toarc, *levesquei*-Zone); Caen, Calvados (Frankreich); ca. 19 cm. Ordnung Ammonitida, Familie Hammatoceratidae.

Bild 141. *Haugia illustris* (DENCKMANN), Unt. Jura (Ob. Toarc, *variabilis*-Zone); Caen, Calvados (Frankreich); ca. 15 cm. Ordnung Ammonitida, Familie Hammatoceratidae.

Bild 142. *Ludwigia murchisonae* (SOWERBY), Mittl. Jura (Ob. Aalen, *murchisonae*-Zone); Beaminster, Dorset (England); größeres Exemplar ca. 5,2 cm. Jugendliches Exemplar mit erhaltener Mündung. Ordnung Ammonitida, Familie Graphoceratidae.

Bild 143. *Strigoceras truellei* (ORBIGNY), Mittl. Jura (Ob. Bajoc, *parkinsoni*-Zone); Bayeux, Calvados (Frankreich); ca. 6,5 cm; Schalenerhaltung. Ordnung Ammonitida, Familie Strigoceratidae.

Bild 144. *Lissoceras oolithicum* (ORBIGNY), Mittl. Jura (Ob. Bajoc, *parkinsoni*-Zone, Braunjura δ); Neumarkt (Oberpfalz); ca. 4,8 cm. Ordnung Ammonitida, Familie Haploceratidae.

Bild 145. *Stephanoceras humphriesianum* (SOWERBY), Mittl. Jura (Mittl. Bajoc, *humphriesianum*-Zone); Caen, Calvados (Frankreich); ca. 11,5 cm. Ordnung Ammonitida, Familie Stephanoceratidae.

Bild 146. *Kheraiceras cosmopolitum* (PARONA & BONARELLI), Mittl. Jura (Unt. Callov); Dehme an der Porta Westfalica; ca. 5 cm. Ordnung Ammonitida, Familie Tulitidae.

| | | |
|---|---|---|
| 147 | 149 | 151 |
| | | 152 |
| 148 | 150 | 153 |

Bild 147. *Garantiana garantiana* (ORBIGNY), Mittl. Jura (Ob. Bajoc, *garantiana*-Zone); Bayeux, Calvados (Frankreich); ca. 9,8 cm. Teilweise beschalter Steinkern; nahezu der ganze äußere Umgang gehört zur Wohnkammer. Ordnung Ammonitida, Familie Parkinsoniidae.

Bild 148. *Parkinsonia neuffensis* (OPPEL), Mittl. Jura (Ob. Bajoc, *parkinsoni*-Zone); Sherborne, Dorset (England); ca. 17 cm. Teilweise beschalter Steinkern ohne Wohnkammer. Ordnung Ammonitida, Familie Parkinsoniidae.

Bild 149. *Vermisphinctes vermiformis* BUCKMAN, Mittl. Jura (Ob. Bajoc, *parkinsoni*-Zone); Bayeux, Calvados (Frankreich); ca. 17 cm. Ordnung Ammonitida, Familie Perisphinctidae.

Bild 150. *Procerites schloenbachi* GROSSOUVRE, Mittl. Jura (Unt. Bathon, Braunjura ε, *zigzag*-Zone); Neumarkt (Oberpfalz); ca. 14 cm; Schalenerhaltung. Ordnung Ammonitida, Familie Perisphinctidae.

Bild 151. *Proplanulites koenigi* (SOWERBY), Mittl. Jura (Unt. Callov); Dehme an der Porta Westfalica; kleineres Exemplar ca. 4 cm. Ordnung Ammonitida, Familie Perisphinctidae.

Bild 152. *Choffatia* (*Parachoffatia*) *cf. funata* (OPPEL), Mittl. Jura (Unt. Callov); Dehme an der Porta Westfalica; ca. 21,5 cm. Ordnung Ammonitida, Familie Perisphinctidae.

Bild 153. *Taramelliceras pseudoflexuosum* (FAVRÉ), Ob. Jura (Mittl. Kimeridge, Weißjura δ); Treuchtlingen; ca. 7 cm. Steinkern; 2/3 des letzten Umganges gehören zur Wohnkammer. Ordnung Ammonitida, Familie Oppeliidae.

| | | | |
|---|---|---|---|
| 154 | | 156 | 158 |
| 155 | | 157 | 159 |

Bild 154. *Creniceras renggeri* (Oppel), Ob. Jura (Unt. Oxford, Renggeriton); Liesberg bei Basel (Schweiz); je ca. 1,6 cm; pyritisiert. Ordnung Ammonitida, Familie Oppeliidae.

Bild 155. *Cardioceras cordatum* (Sowerby), Ob. Jura (Unt. Oxford, Weißjura α 1, *cordatum*-Zone); Herznach, Aargau (Schweiz); ca. 5,2 cm. Ordnung Ammonitida, Familie Cardioceratidae.

Bild 156. *Perisphinctes cf. variocostatus* (Buckland), Ob. Jura (Unt. Oxford, Weißjura α 1); Neumarkt (Oberpfalz); ca. 10 cm. Ordnung Ammonitida, Familie Perisphinctidae.

Bild 157. *Dichotomoceras sp.*, Ob. Jura (Unt. Oxford, Effinger Schichten); Holderbank, Aargau (Schweiz); ca. 8,5 cm. Ordnung Ammonitida, Familie Perisphinctidae.

Bild 158. *Lithacoceras evolutum* (Quenstedt), Ob. Jura (Unt. Kimeridge, Weißjura γ 1, *platynota*-Zone); Staffelberg bei Staffelstein (Oberfranken); ca. 14 cm. Der letzte Umgang entspricht etwa der Wohnkammer. Ordnung Ammonitida, Familie Perisphinctidae.

Bild 159. *Ataxioceras polyplocum* (Reinecke), Ob. Jura (Unt. Kimeridge, Weißjura γ); Staffelberg bei Staffelstein (Oberfranken); ca. 7,8 cm. Die Innenwindungen sind relativ einheitlich dicht berippt, während später unregelmäßige Berippung und Einschnürung erfolgt. Ordnung Ammonitida, Familie Perisphinctidae.

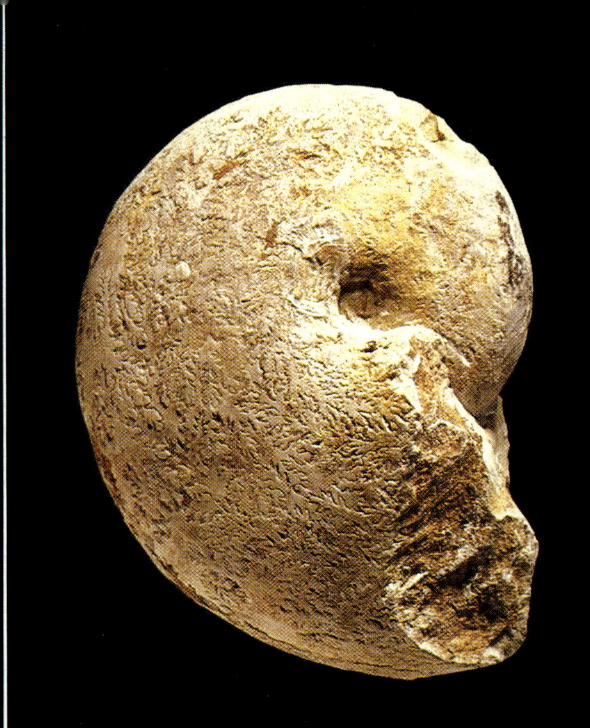

| | | | |
|---|---|---|---|
| 160 | 162 | | 164 |
| 161 | 163 | | 165 |

Bild 160. *Involuticeras involutum* (Quenstedt), Ob. Jura (Unt. Kimeridge, Weißjura γ 1, *platynota*-Zone); Staffelberg bei Staffelstein (Oberfranken); ca. 4,8 cm. Ordnung Ammonitida, Familie Perisphinctidae.

Bild 161. *Euaspidoceras oegir* (Oppel), Ob. Jura (Unt. Oxford, Weißjura α, Birmensdorfer Schichten); Holderbank, Aargau (Schweiz); ca. 5,5 cm. Besiedelt durch Röhrenwürmer und Bryozoen. Ordnung Ammonitida, Familie Aspidoceratidae.

Bild 162. *Physodoceras altenense* (Orbigny), Ob. Jura (Unt. Kimeridge, Weißjura γ); Tailfingen (Württ.); ca. 8 cm. Ordnung Ammonitida, Familie Aspidoceratidae.

Bild 163. *Pseudowaagenia hermanni* (Berckheimer), Ob. Jura (Ob. Kimeridge, Weißjura ε, *subeumela*-Zone); Harburg bei Donauwörth (Bayern); ca. 3,4 cm. 1/3 des letzten Umganges gehört zur Wohnkammer; der Venter zeigt eine Medianfurche. Kleinwüchsige Art – Enddurchmesser max. ca. 5,5 cm. Ordnung Ammonitida, Familie Aspidoceratidae.

Bild 164. *Polyptychites polyptychus* (Keyserling), Unt. Kreide (Unt. Valangin); Müsingen bei Bückeburg (Niedersachsen); ca. 4 cm. Ordnung Ammonitida, Familie Olcostephanidae.

Bild 165. *Neocraspedites tenuis* (Koenen), Unt. Kreide (Ob. Hauterive); Niedermehnen am Espelkamp, Lübbecke (NRW); ca. 15 cm. Ordnung Ammonitida, Familie Olcostephanidae.

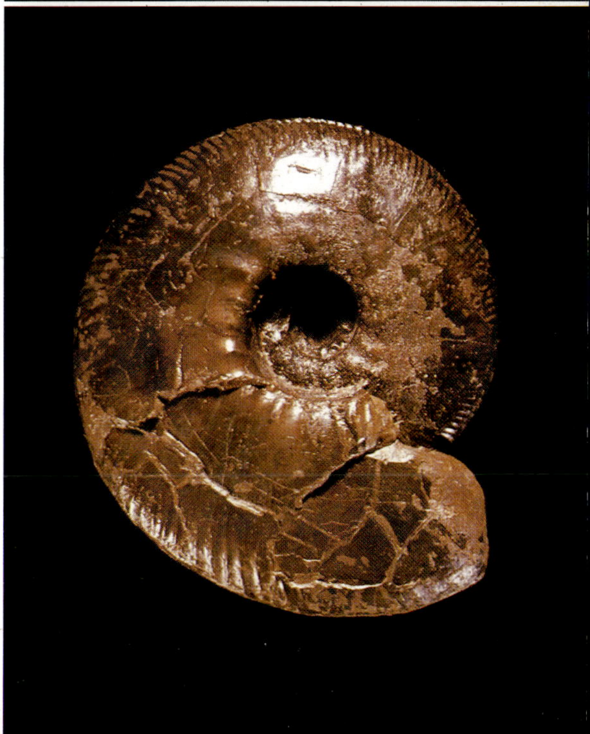

| 166 | 168 | 170 |
|---|---|---|
| 167 | 169 | 171 |

Bild 166. *Endemoceras noricum* (Roemer), Unt. Kreide (Unt. Hauterive, *noricum*-Zone); Varler Heide bei Lübbecke (NRW); ca. 7 cm. Ordnung Ammonitida, Familie Berriasellidae.

Bild 167. *Acanthodiscus radiatus* (Bruguiere), Unt. Kreide (Unt. Hauterive); Esparron du Verdon, SE Manosque, Basses Alpes (Frankreich); ca. 18 cm. Ordnung Ammonitida, Familie Berriasellidae.

Bild 168. *Barremites difficilis* (Orbigny), Unt. Kreide (Barreme); St. Lambert bei St. Vallier-de-Thiey, Alpes Maritimes (Frankreich); ca. 9 cm. Ordnung Ammonitida, Familie Desmoceratidae.

Bild 169. *Hoplitoplacenticeras coesfeldiensis* (Schlüter), Ob. Kreide (Ob. Campan); Neubeckum bei Beckum (NRW); ca. 9,3 cm. Ordnung Ammonitida, Familie Placenticeratidae.

Bild 170. *Hoplites dentatus* (Sowerby), Unt. Kreide (Alb); Troyes (Frankreich); ca. 10,5 cm; teilweise beschalter Pyritkern. Ordnung Ammonitida, Familie Hoplitidae.

Bild 171. *Hoplites interruptus* (Bruguiere), Unt. Kreide (Mittl. Alb); Troyes (Frankreich); ca. 9 cm. Ordnung Ammonitida, Familie Hoplitidae.

Bild 172. *Euhoplites tuberculatus* (SOWERBY), Unt. Kreide (Ob. Alb); Folkestone, Kent (England); ca. 6 cm; pyritisiert, teilweise beschalt. Ordnung Ammonitida, Familie Hoplitidae.

| | | |
|---|---|---|
| 172 | 173 | 175 |
| | 174 | 176 |

Bild 173. *Oxytropidoceras* (*Adkinsites*) *belknapi* (MARCON), Unt. Kreide (Mittl. Alb); Tarrant Co., Texas (USA); ca. 7,7 cm. Ordnung Ammonitida, Familie Brancoceratidae.

Bild 174. *Hyphantoceras reussianum* (SCHLÜTER), Ob. Kreide (Turon); Teutoburger Wald; ca. 11,2 cm. Auf der Mündung des großen Exemplars sitzt das Gehäuse eines jugendlichen Tieres. Ordnung Ancyloceratida, Familie Nostoceratidae.

Bild 175. *Cirroceras saxonicum* (SCHLÜTER), Ob. Kreide (Turon); Teutoburger Wald; ca. 8,5 cm. Ordnung Ancyloceratida, Familie Nostoceratidae.

Bild 176. *Dufrenoyia furcata* (SOWERBY) syn. D. *dufrenoyi* (ORBIGNY), Unt. Kreide (Ob. Apt); Carniol bei Apt, Vaucluse (Südfrankreich); ca. 3,5 cm. Pyritisiert, mit zahlreichen winzigen aufsitzenden Pyritkristallen. Ordnung Ancyloceratida, Familie Deshayesitidae.

# Stammesgeschichte (Phylogenese)

Die Stammesgeschichte versucht die Abstammung und die Abfolge, sozusagen die „Verwandtschaftsverhältnisse“ zu klären. Das Ergebnis ist praktisch ein Stammbaum, durchaus vergleichbar dem genealogischen Nachweis alter Adelsgeschlechter, wenn auch bei diesen der Nachweis ungleich einfacher und manchmal sogar sicherer ist, denn die Urkunden sind leichter erreichbar. Wie bei allen anderen Lebewesen sind bei den Ammoniten die phylogenetischen Ableitungen zumindest in Einzelheiten mehr oder weniger umstritten; Lücken müssen oft durch Mutmaßungen geschlossen werden.

Vielerlei Merkmale wurden bei der Aufstellung von Stammbäumen berücksichtigt, angefangen von der Form des Protoconches über Gehäuse- und Mündungsform, Skulptur und Kiel bis hin zur Lobenlinie. Auf diesem Weg gelang es, Herkunft und Werdegang der Ammoniten weitgehend zu klären. Geholfen haben dabei auch eine Reihe biologischer Grundgesetze wie z. B. das **DOLLOsche Gesetz**, wonach die Entwicklung nicht umkehrbar ist. Eine wichtige Rolle spielt bei phylogenetischen Forschungen auch das sogenannte **biogenetische Grundgesetz** HAECKELS, nach dem sich in der Entwicklung eines Einzeltieres vom Embryo zur Reifeform (Ontogenese) eine Kurzfassung der Stammesgeschichte abzeichnet. Allerdings wurde dieses Prinzip, das scheinbar immer klare Erkenntnisse bringt, durch die Entdeckung der *Proterogenese* (O.H. SCHINDEWOLF) beeinträchtigt: Danach werden im frühontogenetischen Stadium angelegte, neu entwickelte Merkmale (z. B. anderer Windungsquerschnitt, Kiel, dichtere Berippung) beim Weiterwachsen nicht beibehalten, so daß das Reifestadium dem Aussehen der unmittelbaren Vorfahren entspricht. Erst die folgenden phylogenetischen Glieder zeigen diese Merkmale dann nach und nach auch im Adultstadium (177).

**Die Abstammung der Ammoniten** von den Bactritiden gilt heute als sicher: Sowohl den (älteren) Nautiliden eigene Merkmale (gestrecktes Gehäuse) wie auch für Ammoniten typische Kennzeichen (kugeliger Protoconch, Externlobus) sind hier vereint. Fundlücken bei den Bactritiden täuschten lange Zeit stratigraphisch früheres Auftreten der Ammoniten vor (im Unt. Devon). Mittlerweile aber wurden wesentlich ältere Bactritiden und auch Übergangsformen zu den Ammoniten gefunden: Der Evolutionsabschnitt Nautiloideen – Bactritiden – Ammonoideen ist heute gut belegt.

Bei den Ammoniten beobachten wir drei **Blütezeiten** (Virenzphasen) (178); wir sprechen von **Stammbüschen**, weil sich die Entwicklung von der „Wurzel“ weg in zahlreichen Ästen vollzog, also eine sofortige Auffächerung stattfand. Diese Abschnitte entsprechen SCHINDEWOLFS Typogenese: In einer kurzzeitigen Phase splittert die Gruppe in zahlreiche Entwicklungslinien auf (BEURLENS Phase der explosiven Entwicklung entsprechend).

Die erste Phase läuft bereits im Devon ab, kurz nach dem ersten Auftreten der Ammoniten (Paläoammoniten). Während des Karbon und Perm hält sich die Gattungszahl (nach einem Rückgang gegen Ende des Devon) etwa auf gleichem Stand.

Die Mesoammoniten eröffnen zu Beginn der Trias die zweite Phase. Diese Ammoniten mit

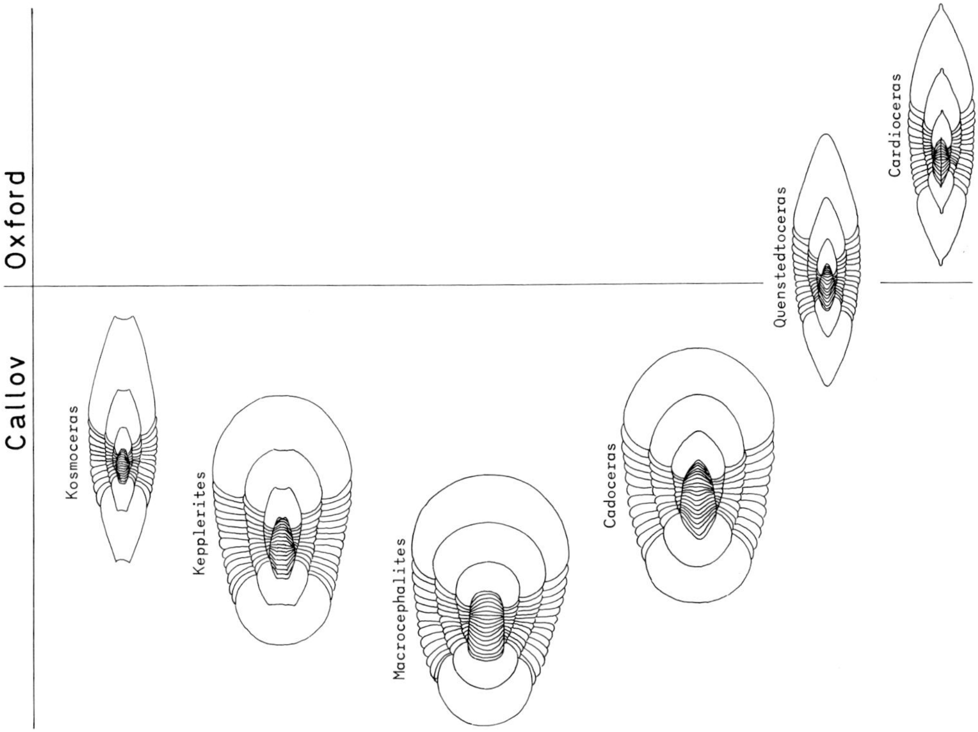


Bild 177. Proterogenese bei Ammoniten des oberen Mitteljura und des unteren Oberjura. Der Innenwindungs-Querschnitt zeigt in etwa den Wohnkammerquerschnitt stratigraphisch später erscheinender Formen im Adultstadium (nach SCHINDEWOLF, 1950, und „Treatise“).

hauptsächlich ceratitischer Lobenlinie entwikkeln sich zu großer Formenfülle.

Mit der Ordnung der Ceratitida treten die Mesoammoniten zwar bereits im Perm auf (die relativ schwach belegte Ordnung der Prolecanitida existiert sogar schon seit dem Ob. Devon), erleben aber eine ausgeprägte Blütezeit erst während der Trias. Seit der Unt. Trias existieren auch schon die Phylloceratida.

An der Grenze Trias/Jura entgehen die Ammoniten ganz knapp dem Aussterben. Nur wenige Formen überleben und bilden die Basis der dritten Typogenese. Nach neueren Untersuchungen soll allerdings doch eine größere Zahl von Stammlinien über diese Klippen hinweglaufen, der Faunenschnitt also nicht so drastisch gewesen sein, wie bisher angenommen. –

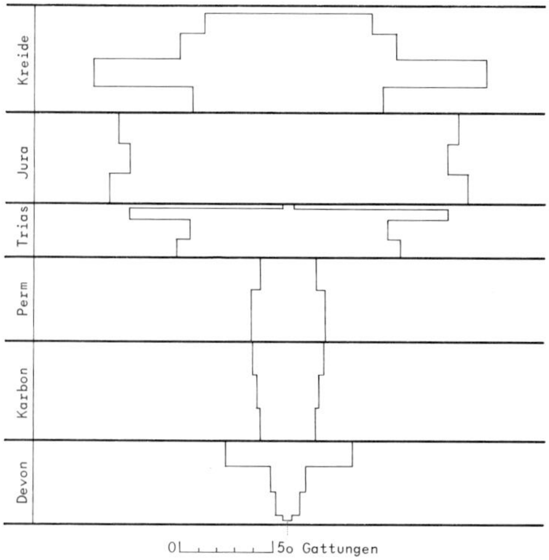


Bild 178. Zeitliche und zahlenmäßige Verteilung von 1521 Gattungen der Ammonoidea (nach A. H. Müller). Bei Berücksichtigung aller zwischenzeitlich neu aufgestellten Gattungen würde sich die Verteilung geringfügig verändern.

Überlieferungslücken und Fazieswechsel verfälschen das Bild.

Die jähe Entwicklung neuer Formen, ein erneutes Aufblühen der Ammoniten also, erfolgte immer nach einer Zeit des Niedergangs, worauf immer dieser auch zurückzuführen gewesen sein mag (s. Kapitel „Aussterben"). Diese „schlagartige" Expansion hängt sicher damit zusammen, daß das Verschwinden der früheren Gruppen Lebensraum freimachte.

Interessant ist die Beobachtung, daß die **heteromorphen Ammoniten** durchaus „lebensfähig" waren und keinesfalls Degenerationsformen darstellen. Wir kennen 3 Gruppen dieser entrollten Formen: Die Triasheteromorphen der Familie Choristoceratidae (*Choristoceras*, 115) – weltweit verbreitet mit großer vertikaler Reichweite; die kurzlebigere Gruppe der Doggerheteromorphen (*Spiroceras*, 30; *Parapatoceras*, 31); und schließlich die große Gruppe der Kreideheteromorphen.

Vor allem letztere – sie existierten bis zum Aussterben der Ammoniten – wurden oft als „aberrante" (abirrende) Formen für das Erlöschen der Ammoniten „verantwortlich" gemacht. Heute wissen wir, daß zahlreiche heteromorphe Ammoniten den Trend zur Wiedereinrollung zeigten, dieses planspirale Grundmuster der Gehäuseform teilweise auch wieder erreichten und jedenfalls durchaus konkurrenzfähig waren.

Gründe für Blüte- und Kümmerzeiten der Ammonitengruppe sind sicherlich in der Umwelt zu suchen. Große Auswirkungen scheinen Meeresvorstöße und -rückzüge gehabt zu haben (115). Aber auch andere Ursachen werden angeführt (s. Kapitel „Aussterben").

# Aussterben

Gegen Ende der Kreidezeit starben die Ammoniten aus. Freilich nicht von heute auf morgen; diese Entwicklung zeichnete sich schon im Verlaufe der Ob. Kreide ab: Die Gattungszahlen gingen zurück, die Formenvielfalt wurde abgebaut. Im Ob. Maastricht schließlich erloschen die letzten Gattungen – immerhin noch einige Dutzend – praktisch gleichzeitig.
Das grob gesehen gleichzeitige Sterben der Ammoniten, Belemniten, Dinosaurier usw. sowie der starke Rückgang z. B. der planktonischen Foraminiferen wird als **Faunenschnitt** bezeichnet. Da Lebensformen aller Biotope betroffen waren – aus dem Meer und vom Festland –, ist eine akzeptable Deutung jenes Vorgangs schwierig, wenn nicht unmöglich. Fest steht lediglich, daß Platzmangel in der Arche nicht der wirkliche Grund für das Erlöschen der Ammoniten war, wohl aber im Falle der Dinosaurier diskutiert werden könnte.
Theorien über die Ursachen des Faunenschnitts gibt es viele. Keine einzige davon läßt sich stichhaltig beweisen. Sicher ist nur eines: Katastrophenartig brach das Ende nicht herein, der Vorgang zog sich über (geologisch gesehen) lange Zeiträume hin.
Wir wollen uns einige der angeführten Gründe anschauen und beginnen mit der spektakulärsten Möglichkeit, einem großen von der Erde aus freilich nicht hörbaren Knall, dem Auftreten einer **Supernova**. Als deren Folge sei die Strahlungsintensität zu nicht mehr verkraftbaren Werten angestiegen: Die Ammoniten, Dinosaurier usw. starben wohl vor allem durch Schädigung des Erbgutes. Allerdings: Warum wurde z. B. die festländische Pflanzenwelt nicht betroffen? Alles Leben auf dem Lande war doch wesentlich exponierter als das Wasserleben (Ammoniten, Belemniten, Ichthyosaurier usw.)?
Ähnlich unwahrscheinlich ist die weltweite Auslöschung vieler Tiergruppen durch einen **Kometeneinschlag** oder „-streifschuß“. Regional wären die Folgen zwar katastrophal gewesen, aber daß die möglicherweise weltweit wirkenden Staubwolken usw. derartig tiefgreifenden Einfluß auf das Tierleben hatten, erscheint sehr unglaubwürdig.
Weiter wird **Nahrungsmangel** gegen Ende der Kreidezeit als entscheidend für das Schicksal der Ammoniten angeführt. Allerdings wurde zunächst in der Kreidezeit das Nahrungsangebot immer besser. Das reichlich vorhandene pflanzliche Plankton als Basis der Nahrungsketten ermöglichte Blütezeiten vieler Tiergruppen. Bei den Ammoniten beobachten wir in der Ob. Unterkreide die höchsten Gattungszahlen überhaupt (178). Aus der Zeit kurz vor dem Aussterben kennen wir die größten Formen: *Parapuzosia seppenradensis* (LANDOIS) mit einem erhaltenen Durchmesser von ca. 2,10 m (!). Die Anpassung an das reiche Nahrungsangebot vollzog sich über Millionen von Jahren, und als schließlich ein einschneidender Planktonrückgang erfolgte, hatte dies Folgen für alle höherstehenden Glieder der Nahrungskette, effektiv also für das gesamte Tierleben.
Zur nächsten Theorie: Vergleichbar dem **Nachlassen** der individuellen Spannkraft im Alter gebe es auch bei Gruppen wie z. B. den Ammoniten eine Art **genetischer Lebenskraft**, und diese sei eben verbraucht gewesen. Ein-

wand: Wir kennen keinerlei Beweise für die Existenz einer solchen mystischen „Stammeslebenskraft". Auch leben auf der Erde zahlreiche Gruppen, die viel früher als die Ammoniten auftraten und sich bis heute gehalten haben (Brachiopoden, Bryozoen, Muscheln usw.). Lebten diese weniger intensiv und verbrauchten deshalb noch nicht die ganze Lebenskraft? Eine durchaus unsinnige Hypothese!
Paläogeographische Untersuchungen ergaben, daß gegen Ende der Kreidezeit globale Veränderungen erfolgten: Große Bereiche der Epikontinentalmeere, die ja hauptsächlich den Lebensraum der Ammoniten stellten, gingen durch Meeresrückzug verloren. Im Verlaufe der Stammesgeschichte beobachten wir immer wieder, daß Blütezeiten und Krisen in unmittelbarem Zusammenhang stehen mit Re- und Transgressionen, also mit der **Veränderung der verfügbaren Flachmeerbereiche** (115).
Ein vollständiger Verlust der Lebensräume ist jedoch unvorstellbar, weshalb zumindest in einigen Regionen Flachwasserformen überlebt haben müßten. Die Faunen der tieferen Meeresbereiche, z. B. Phylloceraten und Lytoceraten, wären von solchen Regressionen ohnehin kaum betroffen gewesen, sie wären einfach am Schelfrand auf genehme Tiefe gestiegen.
**Klimaänderungen** wären zum einen nicht weltweit erfolgt und hätten sich zum anderen auf Faunen der mäßig tiefen Meeresböden ohnehin kaum ausgewirkt. Veränderungen im Sauerstoff- oder Salzgehalt in derartig drastischer Weise, daß sie das Aussterben von bestimmten Organismen nach sich ziehen, sind unmöglich ohne einschneidende Beeinflussung anderer Gruppen. Die Schnecken jedoch erlebten gegen Ende der Kreidezeit eine ausgesprochene Blüte.
Lehmann gebraucht einen sehr netten Vergleich: „Das Ballon-Modell erlag dem aufkommenden Düsen-Jäger." Die relativ unbeweglichen und schwerfälligen Ammoniten (und wohl vor allem ihre Brut) seien den im Laufe der Kreidezeit immer stärker auftretenden Knochenfischen, den modernen Tintenfischen usw. erlegen. Sie wurden gnadenlos **gejagt und schließlich ausgerottet**. Eine gewisse Rolle dürfte dabei auch die jetzt aufblühende Gruppe der fleischfressenden Meeresschnekken gespielt haben. Sie drängten in die ökologische Nische, die bisher die Ammoniten besetzt hatten, wurden vielleicht sogar über die **Nahrungskonkurrenz** hinaus zu direkten Feinden.
Dies war nur eine Auswahl der zahlreichen diskutierten möglichen Ursachen. Ganz sicher war nicht einer der angeführten Gründe allein für das Erlöschen der Ammoniten verantwortlich. Stellen wir uns aber die ungünstige geographische Situation vor (Verlust großer Teile des Lebensraumes – zu wiederholten Malen schon im Laufe der Ob. Kreide), dazu Nahrungsmangel und schließlich verstärkte Verfolgung durch schnellere und besser bewaffnete Gegner, so wird das Aussterben der Ammoniten durchaus verständlich. Letzte Klarheit allerdings werden wir nie erlangen.

# Ammoniten als Leitfossilien

„Wir haben kein zweites Tiergeschlecht, mit welchem man die Schichtenfolge, zumal im Lias, schärfer feststellen könnte, als die Ammoniten. Ihre Kenntnis ist daher für einen Geognosten unerläßlich; aber auch der Petrefactologe nimmt nicht ohne Verwunderung wahr, wie gar viele ausgesprochene Species mit den schlagendsten Merkmalen nur an gewisse Schichten gebunden sind: wer hätte einen Amaltheus je anders als im Lias delta, oder einen Macrocephalus außerhalb des Braunen Jura epsilon gefunden?" Ein letztes Zitat von unserem geschätzten QUENSTEDT (Die Ammoniten des schwäbischen Jura, 1885).

Solche kennzeichnenden Fossilien werden als **Leit- oder Indexfossilien** bezeichnet.

Der Engländer William SMITH (1769–1839) erkannte gegen Ende des 18. Jahrhunderts, daß bestimmte Gesteinsschichten durch bestimmte Fossilien charakterisiert sind. Er war zwar nicht der erste, der sich dahingehend äußerte, jedenfalls aber der erste, der seine Beobachtungen in konkreter Form festlegte.

In der Praxis bedeutet das eine Möglichkeit, bestimmte Schichten mit Hilfe der ihnen eigenen Fossilien zu kennzeichnen, mitunter über weite Strecken zu parallelisieren bzw. zu korrelieren und somit altersmäßig in Beziehung zu bringen. Die Grundeinheit einer solchen Kennzeichnung ist die Zone (worunter noch die Sub- oder Teilzone steht).

Albert OPPEL (1831–1865) stellte den Zonenbegriff etwa 1850 auf bei der „Zonierung" des Schwäbischen Jura und anderer europäischer Gebiete. Er gliederte die Gesteinsabfolge in 33, hauptsächlich durch „Leitammoniten" gekennzeichnete Abschnitte.

Als untere Zonengrenze gilt das erste Auftreten der kennzeichnenden Fossilart; als obere Grenze das erstmalige Erscheinen der nächstfolgenden Leitart. – Logischerweise kann eine neu entstandene Art nicht schlagartig in allen von ihr eroberten Lebensräumen erscheinen. Vergleiche mit der Verbreitungsgeschwindigkeit rezenter Organismen lassen jedoch erkennen, daß selbst große Entfernungen in relativ kurzer Zeit (max. 1000 Jahre) überwunden werden. Sie kann bei einer angenommenen Zonendauer von einigen hunderttausend bis zu einer Million Jahren vernachlässigt werden. Ammoniten eignen sich nun u. a. durch die im Larvenstadium erfolgende relativ schnelle Verbreitung gut als Leitfossilien.

Ideale Leitfossilien sollen als Art kurzlebig sein, also im Gestein ein möglichst geringes vertikales Auftreten haben. Dabei sind allerdings zu geringmächtige Zonen zu meiden, denn diese zu finden wäre möglicherweise zu kompliziert. Horizontal sollen Leitfossilien jedoch möglichst weiträumig auftreten. Leben in verschiedenen Biotopen führt zu faziesunabhängigem Auftreten. Besonders geeignet sind die aufeinanderfolgenden Formen schnell abwandelnder Entwicklungsreihen. Bei den Ammoniten sind all diese Forderungen wenigstens ausreichend erfüllt.

Die Bedeutung der einzelnen Fossilgruppen als Leitfossilien im Laufe der Erdgeschichte variiert stark. Aus praktischen Erwägungen heraus versucht man, nach Möglichkeit Mikrofossilien zur Zonierung heranzuziehen, da sie in großen Mengen oft schon in kleinen Gesteinsproben (Bohrkernen!) vorhanden sind. Die Ammoniten aber stellen vor ihrem ersten

Auftreten im Devon bis zum Aussterben gegen Ende der Kreidezeit für alle Systeme wichtige Leitformen, wobei die Bedeutung allerdings etwas abgenommen hat. Im Jura ist ihre Stellung nach wie vor unangefochten, denn die Foraminiferen- und Ostracodenfaunen sind noch zu wenig untersucht und ökologisch zu unbeständig, um hierauf basierende Zonierungen zu entwickeln bzw. mit den Ammonitenzonen durchlaufend zu korrelieren. Die Zukunft gehört hier jedoch wahrscheinlich der Feingliederung mit Hilfe von Nannoplankton.
Bestimmte Lebensräume bzw. geographische Gebiete haben ihre eigenen **Leitformen**. Für die boreale (nördliche) Faunenprovinz der Kreidezeit z. B. werden andere Zonenfossilien herangezogen als für die Bereiche der Tethys (früheres zentrales, sehr großflächiges Mittelmeer). So wird z. B. das Unt. Barreme des borealen Bereiches in die Zonen des *Hoplocrioceras rarocinctum* und *H. fissicostatum* gegliedert. Demgegenüber reicht die tethyale Zone der *Nicklesia pulchella* vom Unt. bis ins Mittl. Mittelbarreme.
Häufig beobachtet man das Auftreten sogenannter endemischer Leitformen, die nur in bestimmten Ablagerungsgebieten vorkommen: *Pachylytoceras torulosum* (88) ist auf den Schwäbischen Jura beschränkt und kommt hier zusammen mit *Leioceras opalinum* (56) vor (Mittl. Jura, Unt. Aalen, Braunjura α, *opalinum*-Zone). Derartige regional wichtige Leitarten treten in vielen Bereichen und Schichten auf.
Die ungefähre Zahl der Ammonitenzonen mag einen Eindruck vermitteln von der mittlerweile erreichten Feinheit der Zonierung, wobei zu bedenken ist, daß viele Zonen noch in 2 oder mehr Subzonen unterteilt sind! Devon (etwa ab Ems): ca. 19 Zonen; Karbon: ca. 32 Zonen; Perm: ca. 9 Zonen; Trias: ca. 35 Zonen; Jura: ca. 68 Zonen; Kreide: ca. 65 Zonen.

# Bestimmung

Grundsätzlich gilt: Fundort und nach Möglichkeit Fundschicht sind die wichtigsten Angaben auf unserem Etikett! Die Bestimmung, also die Zuordnung eines Namens, kann von jedem Fachmann durchgeführt werden, der Fundort aber ist nur dem Finder bekannt und kann meist nicht rekonstruiert werden.
Wollen wir den Namen unseres Fundstückes ermitteln, also die von einem Bearbeiter (Autor) früher vergebene Bezeichnung, so stehen uns mehrere Wege offen: Ideal ist der **Vergleich von Fossil zu Fossil**, möglich z. B. in Sammlungen anderer Liebhaber, in Museums- und Institutssammlungen usw. Allerdings werden diese Gelegenheiten leider nur wenige Sammler haben.
Wer zufällig einen Fachmann in der Nachbarschaft hat, einen Paläontologen also, kann seine Funde dorthin tragen und mal schnell um die Bestimmung bitten… Meist wird er enttäuscht wieder abziehen: So schnell geht das nicht, denn auch Profis brauchen oft Zeit und

Geduld, um die Formen richtig einzuordnen, vor allem aber zur Artbestimmung. Auf Anhieb bestimmbare Arten gibt es freilich eine ganze Menge, wenn auch verteilt über die Abfolge der Schichten seit dem Devon. Aber gerade bei diesen Formen gelingt uns die Bestimmung meist selbst.
Zudem sind die meisten Paläontologen spezialisiert. Umfassendes Wissen ist heute bei der Vielfalt der neuen Erkenntnisse, festgehalten in Tausenden von Veröffentlichungen pro Jahr, nicht mehr möglich. Somit wird sich der Trilobitenfachmann beim Anblick unserer Hildoceraten oder ähnlichem vielleicht erst einmal verlegen am Kopf kratzen...
Also bleibt nur der Weg der Eigenleistung: **Selbst erarbeiten**, so gut es eben geht, mit Hilfe von Büchern. Alte umfassende Tafelwerke wie jene von QUENSTEDT (14), ZITTEL, SOWERBY, ORBIGNY (15) usw. können da von großem Nutzen sein, weil eine Menge von Formen abgebildet und beschrieben sind. Auch wenn die Namen meist überholt sein mögen, so haben wir doch schon mal einen Anhaltspunkt. Aber wer besitzt schon solche kostbaren Werke?
Somit erwerben wir also erst einmal einige neue Bücher, die unser Thema „Ammoniten" mehr oder weniger eingehend abhandeln (s. Literaturhinweise). Teure Bücher beziehen wir über öffentliche Büchereien per Fernleihe – das kostet nicht viel, und das jeweilige Werk steht uns doch einige Wochen zur Verfügung. (Dieses Verfahren funktioniert bei sehr alten Büchern nur in Grenzen. Mit ihnen dürfen wir in der Regel nur im Lesesaal arbeiten.)
Einen ganz hervorragenden Überblick über Morphologie, Systematik usw. gibt der von R.C. MOORE herausgegebene (englischsprachige) **Treatise on Invertebrate Paleontology**, Part L, Mollusca 4 – Cephalopoda – Ammonoidea. Vor allem werden hier alle (bis zur Drucklegung) bekannten Ammonitengattungen mit je einer abgebildeten Art vorgestellt. Wir finden Angaben über Erstbeschreiber, Synonyme, Auftreten usw. Beschrieben sind auch die wichtigsten Merkmale der Gruppen. Das Buch ist für einen ernsthaften Sammler praktisch unerläßlich.
In sogenannten **Monographien** werden engbegrenzte Gruppen bearbeitet, z.B. die Familie Parkinsoniidae oder gar nur die Arten der Gattung *Parkinsonia*. Andere Veröffentlichungen enthalten Faunenbearbeitungen einer bestimmten Schicht, möglicherweise aus einem mehr oder weniger engbegrenzten Bereich (z.B. die Ammonitenfauna des Lias zeta von Nordbayern). Derartige Arbeiten sind natürlich besonders wertvoll, da wir hiermit unsere Funde vielleicht gar bis zur Art bestimmen können.
Die **praktische Bestimmungsarbeit** sieht nun etwa folgendermaßen aus: Unser vorliegender Ammonit gehört zu einer der bekannten knapp 2000 Gattungen. Durch das Wissen um die stratigraphische Herkunft („Alter", also beispielsweise Mittl. Jura, Aalen) scheidet der größte Teil der Gattungen aus: Wir nehmen einmal an, daß für diese Schichtfolge nur noch 30 Gattungen in Frage kommen. Davon scheiden auf Grund gut erkennbarer Gehäuseunterschiede weitere 26 Gattungen aus. Wir müssen also nun nur noch die Zugehörigkeit unseres Ammoniten zu einer der 4 verbliebenen Gattungen ermitteln. Bei einiger Formenkenntnis verläuft das Ganze allerdings nicht nach dem Prinzip der negativen Auslese. Wir werden vielmehr eine engbegrenzte Gruppe von Anfang an als „Heimat" unseres Fundes erkennen (Lytoceratida, Graphoceratidae usw.).
Die weitere Bestimmung erfolgt nun mit Hilfe der morphologischen Merkmale: Gehäuse-

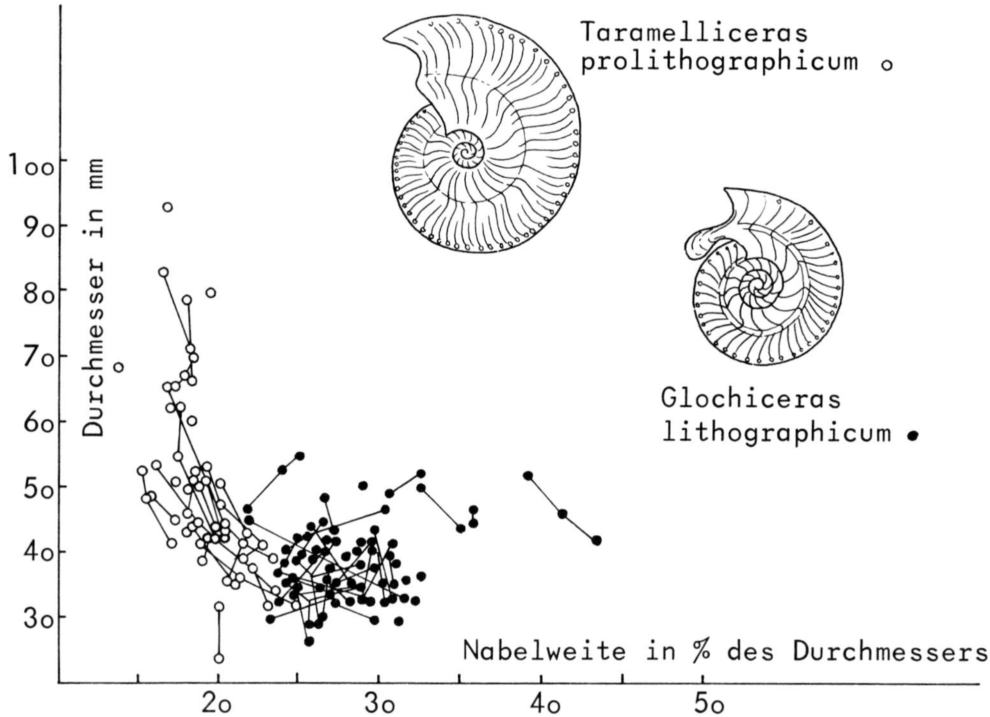


Bild 179. Korrelation von Durchmesser und Nabelweite bei *Taramelliceras prolithographicum* und *Glochiceras lithographicum* aus dem Ob. Jura (Unt. Untertithon, Mörnsheimer Schichten). Meßpunkte vom gleichen Exemplar sind durch Striche verbunden (nach Ziegler, 1974).

form, Mündung (falls vorhanden), Windungsquerschnitt, Skulptur, Kiel, evtl. Lobenlinie. In den meisten Fällen gelingt auf diese Weise die Ermittlung der Gattungszugehörigkeit – die Kenntnis der in unserer Schicht vorkommenden Gattungen freilich vorausgesetzt!

Zur **Artermittlung** benötigen wir nun allerdings die oben angesprochene Spezialliteratur: Monographien oder andere Spezialabhandlungen über die in der Schicht, aus der unser Fund stammt, vorkommenden Arten. Dieser Teil der Bestimmung ist logischerweise schwieriger als die Gattungsermittlung, müssen wir doch in der Regel mit wesentlich unscheinbareren Merkmalen arbeiten, welche die in Frage kommenden Arten trennen bzw. kennzeichnen. Zudem ist die Artenzahl im ganzen genommen wesentlich höher als die Gattungszahl. Die erste Hürde aber ist immer das Fehlen der entsprechenden Veröffentli-

chungen. Und wenn es sie gibt, weiß der Sammler meist nichts davon.
Man kann nun jedesmal sein Fundstück zur Hand nehmen und das Buch, z. B. den Treatise, – von vorn nach hinten durchblättern, und dabei nach dem gefundenen Ammoniten ähnlichen Abbildungen suchen. Jahrelange Übung wird sicherlich auf diesem Wege gute Formenkenntnisse vermitteln. Einfacher ist es, von „oben nach unten" vorzugehen: Bei Kenntnis der Gruppenmerkmale (Ordnungen, Unterordnungen, Oberfamilien, Familien) können wir die in Frage kommenden Einheiten drastisch reduzieren. Ein Ammonit mit einfach geschwungener Lobenlinie kann nicht zu den Mesoammoniten oder zu den Neoammoniten gehören, sondern ist bei den Paläoammoniten einzuordnen (79, 82).
Mitunter finden wir in einer Schicht zahlreiche einander ähnliche Ammoniten (z. B. Pleydellien im Ob. Toarc [Unt. Jura]). Hier sollte man sich hüten, aus jeder geringfügig abgewandelten Form eine eigene Art machen zu wollen! Alle Arten weisen eine gewisse **Variationsbreite** auf! Bei der Durchführung variationsstatistischer Untersuchungen (nur möglich, wenn eine größere Anzahl guterhaltener Fundstücke vorliegt) erkennen wir, daß bestimmte Merkmale bzw. Parameter artkonstant sein können und daß ihre Ermittlung die Artbestimmung vereinfachen kann (179).
Andererseits erkennen wir, daß manche Arten einer Gattung, vor allem beim gleichzeitigen Auftreten in einer Schicht, durch fließende Übergänge verbunden sein können. In solchen Fällen gehören in unsere Sammlung mehrere Exemplare, die Mittel- und Extremwerte belegen.
Bei der Bestimmungsarbeit sind biologische und geologische (bzw. stratigraphische) Kenntnisse wichtig – je mehr, desto besser! Ein gutes Auge oder, besser gesagt, die Fähigkeit, wesentliche Merkmale zu erkennen, Lust zu gründlicher Arbeit, Geduld – und vor allem Literatur! Wir freuen uns jedesmal, wenn nach längerer Arbeit die Namenssuche erfolgreich abgeschlossen werden konnte. Zum Sammeln gehört schließlich nicht nur das Zusammentragen, sondern auch der Versuch einer sinnvollen Sammlungsgestaltung und -auswertung. Und dazu gehört eben auch das Bestimmen! Mit wachsenden Kenntnissen und Erfahrung werden wir freilich erkennen, daß manche früher ermittelte Bezeichnung falsch ist. Was soll's: Niemand ist unfehlbar, und die bei der Arbeit erworbenen Kenntnisse bleiben!

# Literatur

Die folgenden Literaturangaben stellen nur eine **Auswahl** dar, wobei auch ältere Veröffentlichungen genannt sind. Im Hinblick auf die dem Sammler doch leichter erreichbaren Juraammoniten ist die entsprechende Literatur stärker berücksichtigt. Ausführliche Literaturlisten zu den Palcephalopoda finden sich bei PETTER 1959, 1960, solche zu Kreideammoniten in WIEDMANN (Hrsg.) 1979, weitere Angaben zu Juraammoniten z.B. in HÖLDER 1964, zu allen Gruppen der Ammonoidea im Treatise, Part L.
Bei Büchern, die nicht mehr im Buchhandel erhältlich sind, empfiehlt sich der Gang zur öffentlichen Bibliothek, die die Bücher gegebenenfalls über Fernleihe besorgt.


ABEL, O.: Paläobiologie der Cephalopoden. – G. Fischer, Jena 1916.
– Vorzeitliche Tierreste im deutschen Mythos, Brauchtum und Volksglauben. – G. Fischer, Jena 1939.
ARKELL, W. J.: Jurassic Geology of the World. – Oliver & Boyd, London, Edinburgh 1956.
BACHMAYER, F., KOLLMANN, H. A. (Hrsg.): Schätze im Boden. Bilder aus Österreichs geologischer Vergangenheit. 2. Aufl. – Verl. Naturhist. Museum Wien, Wien 1969.
BANTZ, H.-U.: Der Fossilinhalt des Treuchtlinger Marmors (Mittleres Unter-Kimmeridge der Südlichen Frankenalb). – Erlanger Geol. Abh., 82, Erlangen 1970.
BARTHEL, K. W.: Zur Ammonitenfauna und Stratigraphie der Neuburger Bankkalke. – Bayer. Akad. Wiss., Math.-naturwiss. Kl., NF, 105, München 1962.
– Solnhofen. – Ott, Thun 1978.
BAYER, U.: Die Gattung *Hyperlioceras* BUCKMAN (Ammonoidea, Graphoceratidae) aus dem Unter-Bajocium (*discites*-Schichten), insbesondere vom Wutachtal (Südbaden). – Jber. Mitt. Oberrh. geol. Ver., NF, 51, 1969.
– Anomalien bei Ammoniten des Aaleniums und Bajociums und ihre Beziehung zur Lebensweise. – N. Jahrb. Geol. Paläont., Abh., 135, 1970.
– Zur Ontogenie und Variabilität des jurassischen Ammoniten *Leioceras opalinum*. – N. Jahrb. Geol. Paläont., Abh., 140, 1972.
BEURLEN, K.: Die ammonitischen Nebenformen. Überlegungen zur Frage des Entwicklungsmechanismus der Ammonitenschale. – Z. d. deutsch. geol. Ges. 108, 1956.
BEURLEN, K., GALL, H., SCHAIRER, G.: Die Alb und ihre Fossilien. – Franckh'sche Verlagshandlung, Stuttgart 1978.
BERCKHEMER, F., HÖLDER, H.: Ammoniten aus dem Oberen Weißen Jura Süddeutschlands. – Beih. Geol. Jahrb. 35, Hannover 1959.
British Mesozoic Fossils. 5. Aufl. – British Museum (Natural History), London 1975.
CALLOMON, J. H.: Sexual Dimorphism in Jurassic Ammonites. – Trans. Leicester Lit. Philos. Soc., LVII, 1963.
CHRIST, H. A.: Über *Campylites* und *Trimarginites* (Ammonoidea, Jura). – N. Jahrb. Geol. Paläont., Abh., 111, 1961.
CLAUS, H.: Die Kopffüßer des Deutschen Muschelkalkes. – A. Ziemsen, Wittenberg 1955.
DABER, R., HELMS, J.: Das große Fossilienbuch. – Urania, Leipzig, Jena, Berlin 1978.
DACQUÉ, E.: Vergleichende biologische Formenkunde der fossilen niederen Tiere. – Gebr. Borntraeger, Berlin 1921.

DEAN, W.T. et al.: The Liassic Ammonite Zones and Subzones of the North-West European Province. – Bull. Brit. Mus. (Nat. Hist.), Geol., 4, 1961.
DENIZOT, G.: Atlas des Fossiles. Band 2, 6. Aufl. – N. Boubée & Cie., Paris 1976.
DIETERICH, E.: Stratigraphie und Ammonitenfauna des Weißen Jura β in Württemberg. – Jh. Ver. vaterl. Naturkunde, 96, 1940.
DIETL, G.: Zur Stratigraphie und Ammonitenfauna des Dogger, insbesondere des Oberbajocium der westlichen Keltiberischen Ketten (Spanien). – Stuttg. Beitr. Naturk., B, 14, 1974.
– Die heteromorphen Ammoniten des Dogger. – Stuttg. Beitr. Naturk., B, 33, 1978.
– Die Ammoniten-Gattung *Caumontisphinctes* aus dem südwestdeutschen Subfurcaten-Oolith (Bajocium, Mittl. Jura). – Stuttg. Beitr. Naturk., B, 51, 1981.
DISLER, C.: Stratigraphischer Führer durch die geologischen Formationen im Gebiet zwischen Aare, Birs und Rhein. – B. Wepf & Cie., Basel 1941.
DORN, P.: Die Ammoniten des untersten Malm der Frankenalb. – Palaeontographica, 73, 74, 1930.
– Die Hammatoceraten, Sonninien, Ludwigien, Dorsetensien und Witchellien des süddeutschen, insbesondere fränkischen Doggers. – Palaeontographica, A, 1935.
ELMI, S.: Le Lias Supérieur et le Jurassique Moyen de l'Ardèche. 3 Bände. – Documents des Laboratoires de Géologie de la Faculté de Sciences de Lyon, 19, 1–3, Lyon 1967.
ENAY, R.: L'Oxfordien dans la moitié sud du Jura Français. 2 Bände. – Nouvelles Archives du Muséum d'Histoire Naturelle de Lyon, Lyon 1966.
ENDRISS, K.E.: Versteinerungen. – Franckhsche Verlagshandlung, Stuttgart 1927.
ENGEL, T.: Geognostischer Wegweiser durch Württemberg. 3. Aufl. – E. Schweizerbart, Stuttgart 1908.
ERBEN, H.K.: Die Evolution der ältesten Ammonoidea. – N. Jahrb. Geol. Paläont. Abh., 120, 122, 1964–1965.
– Über den Ursprung der Ammonoidea. – Biol. Rec., 41, 1966.
– Die Mikro- und Ultrastruktur abgedeckter Hohlelemente und die Conellen des Ammoniten-Gehäuses. – Paläont. Z., 46, 1972.
– Die Entwicklung der Lebewesen. – R. Piper & Co., München, Zürich 1975.
ERBEN, H.K., FLAJS, G., SIEHL, A.: Die frühontogenetische Entwicklung der Schalenstruktur ectocochleater Cephalopoden. – Palaeontographica, A, 132, 1969.
ERNST, W.: Die Stratigraphie und Fauna des Lias ζ im nordwestlichen Deutschland. – Palaeontographica, 65, 66, 1923–1925.
FISCHER, R.: Die deutschen Mittellias-Falciferen (Ammonoidea; *Protogrammoceras, Fuciniceras, Arieticeras*). – Palaeontographica, A, 151, 1975.
FRAAS, E.: Der Petrefaktensammler. Nachdruck des Originals von 1910. 5. Aufl. Franckh'sche Verlagshandlung, Stuttgart 1980.
FRENTZEN, K.: Ontogenie, Phylogenie und Systematik der Amaltheen des Lias δ Südwestdeutschlands. – Abh. Heidelb. Akad. Wiss., math.-naturw. Kl., 23, 1937.
GEYER, O.F.: Beiträge zur Stratigraphie und Ammonitenfauna des Weißen Jura γ (Unteres Unterkimeridgium) in Württemberg. – Jh. Ver. vaterl. Naturk. Württ., 116, 1961.
– Monographie der Perisphinctidae des unteren Unterkimeridgium (Weißer Jura γ, Badenerschichten) im süddeutschen Jura. – Palaeontographica, A, 116, 1961.
– The Ammonite Genus *Sutneria* in the Upper

Jurassic of Europe. – Lethaia, 2, Oslo 1969.
– Grundzüge der Stratigraphie und Fazieskunde. 2 Bände. – E. Schweizerbart, Stuttgart 1973 und 1977.
GILLET, S.: Les Ammonites du Bajocien d'Alsace et de Lorraine. – Memoire du Service de la Carte Géologique d'Alsace et de Lorraine, 5, Strasbourg 1937.
GUERIN-FRANIATTE, S.: Ammonites du Lias inférieur de France. Psilocerataceae: Arietitidae. – Edit. Centre Nat. Rech. Sci., Paris 1966.
GUEX, J.: Répartition biostratigraphique des ammonites du Toarcien moyen de la bordure sud des Causses (France) et révision des ammonites décrites et figurées par MONESTIER (1931). – Eclogae geol. Helv., 65, 1972.
– Dimorphisme des Dactylioceratidae du Toarcien. – Eclogae geol. Helv., 66/3, 1973.
– Description biostratigraphique du Toarcien supérieur de la bordure sud des Causses (France). – Eclogae geol. Helv., 68, 1975.
GYGI, R. A.: Revision der Ammonitengattung *Gregoryceras* (Aspidoceratidae) aus dem Oxfordian (Oberer Jura) der Nordschweiz und von Süddeutschland. – Eclogae geol. Helv., 70, 1977.
GYGI, R., SADATI, S.-M., ZEISS, A.: Neue Funde von *Paraspidoceras* (Ammonoidea) aus dem Oberen Jura von Mitteleuropa. Taxonomie, Ökologie, Stratigraphie. – Eclogae geol. Helv., 72, 1979.
HAHN, W.: Die Gattung *Gravesia* SALFELD (Ammonoidea) im Oberjura Mittel- und Nordwesteuropas. – Palaeontographica, A, 122, 1963.
– Die Oppeliidae BONARELLI und Haploceratidae ZITTEL (Ammonoidea) des Bathoniums (Brauner Jura ε) im südwestdeutschen Jura. – Jh. geol. Landesamt Baden-Württ., 10, 1968.
– Die Perisphinctidae STEINMANN (Ammonoidea) des Bathoniums (Brauner Jura ε) im südwestdeutschen Jura. – Jh. geol. Landesamt Baden-Württ., 11, 1969.
– Die Parkinsoniidae S. BUCKMAN und Morphoceratidae HYATT (Ammonoidea) des Bathoniums (Brauner Jura ε) im südwestdeutschen Jura. – Jh. geol. Landesamt Baden-Württ., 12, 1970.
– Die Tulitidae S. BUCKMAN, Sphaeroceratidae S. BUCKMAN und Clydoniceratidae S. BUCKMAN (Ammonoidea) des Bathoniums (Brauner Jura ε) im südwestdeutschen Jura. – Jh. geol. Landesamt Baden-Württ., 13, 1971.
HÖLDER, H.: Die Aptychen der Ammoniten. – Aus der Heimat, 59, 1951.
– Über Gehäusebau, insbesondere den Hohlkiel jurassischer Ammoniten. – Palaeontographica, A, 102, 1952.
– Der Hohlkiel der Ammoniten und seine Entdeckung durch F. A. QUENSTEDT. – Jh. Ver. vaterl. Naturkunde Württemberg, 1952.
– Belemniten und Ammoniten als Beutetiere. – Aus der Heimat, 63, 1955.
– Über Anomalien an jurassischen Ammoniten. – Paläont. Z., 30, 1956.
– Jura. LOTZE, F. (Hrsg.): Handbuch der stratigraphischen Geologie, Band IV. – F. Enke, Stuttgart 1964.
HOFFMANN, K.: Neue Ammonitenfunde aus dem tieferen Unter-Toarcium (Lias ε) des nördlichen Harzvorlandes und ihre feinstratigraphische Bedeutung. – Geol. Jahrb., 85, Hannover 1968.
HOWARTH, M. K.: A Monograph of the Ammonites of the Liassic Family Amaltheidae in Britain. 2 Bände. – Palaeontogr. Soc., London 1957, 1958.
– The Stratigraphy and Ammonite Fauna of the Upper Liassic Grey Shales of the Yorkshire Coast. – Bull. Brit. Mus. Nat. Hist. (Geol.), 24, 4, 1973.
HOWARTH, M. K., DONOVAN, D. T.: Ammonites

of the Liassic Family Juraphyllitidae in Britain. – Palaeontology, 7, 1964.
HUF, W.: Über Sonninien und Dorsetensien aus dem Bajocium von Nordwestdeutschland. – Beih. Geol. Jahrb., 64, Hannover 1968.
JEANNET, A.: Stratigraphie und Palaeontologie des oolithischen Eisenerzlagers von Herznach und seiner Umgebung. – Beitr. Geol. Schweiz, Geotechn. Serie, XIII. Lief., 5. Band, Bern 1951.
– Die Macrocephaliten des Callovien von Herznach (Aargau). – Eclogae geol. Helv., 47, 1954.
JORDAN, R.: Zur Anatomie mesozoischer Ammoniten nach den Strukturelementen der Gehäuse-Innenwand und grundsätzliche Voraussetzungen für diese Methode. – Geol. Jahrb. 89, 1971.
KAEVER, M., OEKENTORP, K., SIEGFRIED, P.: Fossilien Westfalens. Invertebraten der Kreide. 2. Aufl. – Münster. Forsch. Geol. Paläont., 33/34, Münster 1974.
– Fossilien Westfalens. Invertebraten des Jura. – Münster. Forsch. Geol. Paläont., 40/41, Münster 1976.
– Fossilien Westfalens. Invertebraten des Oberdevon. – Münster. Forsch. Geol. Paläont., 50, Münster 1980.
KAISER, P., LEHMANN, U.: Vergleichende Studien zur Evolution des Kieferapparates rezenter und fossiler Cephalopoden. – Paläont. Z., 45, 1971.
KAYSER, E.: Lehrbuch der geologischen Formationskunde. 6. u. 7. Aufl. – F. Enke, Stuttgart 1923–1924.
KEMPER, E.: Die Ammonitengattung *Platylenticeras* (= Garnieria). – Beih. Geol. Jahrb., 47, Hannover 1961.
KOLB, A.: Ammoniten-Marken aus den Solnhofener Schiefern bei Eichstätt. – Geol. Bl. NO-Bayern, 17, 1967.
KRAUS, O.: Internationale Regeln für die zoologische Nomenklatur. 2. Aufl. – W. Kramer, Frankfurt 1970.
KRUMBECK, L.: Stratigraphie und Faunenkunde des Lias γ in Nordbayern. – Z. dt. Geol. Ges., 88, Hannover 1936.
KRUMBIEGEL, G., WALTHER, H.: Fossilien. – VEB Dt. Verl. Grundstoffind., Leipzig 1977.
KUHN, O.: Die Ammoniten des fränkischen Calloviums. – Nova Acta Leopoldina, NF, Bd. 6, 43, Halle 1939.
LANGE, W.: Die Ammonitenfauna der *Psiloceras*-Stufe Norddeutschlands. – Palaeontographica, A, 93, 1941.
– Die Schlotheimiinae aus dem Lias α Norddeutschlands. – Palaeontogr., A, 100, 1951.
LEHMANN, U.: Dimorphismus bei Ammoniten der Ahrensburger Lias-Geschiebe. – Paläont. Z., 40, 1966.
– Ammoniten mit Kieferapparat und Radula aus Lias-Geschieben. – Paläont. Z., 41, 1967.
– Die Ammoniten des Lias ε in den Ahrensburger Geschieben. – Der Geschiebesammler, 4, Hamburg 1969.
– Lias-Anaptychen als Kieferelemente (Ammonoidea). Paläont. Z., 44, 1970.
– Aptychen als Kieferelemente der Ammoniten. – Paläont. Z., 46, 1972.
– Über Nahrung und Ernährungsweise von Ammoniten. – Paläont. Z., 49, 1975.
– Analyse einer Gehäuse-Fraktur bei *Dactylioceras tenuicostatum* (Ammonoidea). – Mitt. Geol. Paläont. Inst. Univ. Hamburg, 44, 1976.
– Ammoniten. – F. Enke, Stuttgart 1976.
– Paläontologisches Wörterbuch. 2. Aufl. – F. Enke, Stuttgart 1977.
LEHMANN, U., HILLMER, G.: Wirbellose Tiere der Vorzeit. – F. Enke, Stuttgart 1980.
LEHMANN, U., WEITSCHAT, W.: Zur Anatomie und Ökologie von Ammoniten: Funde von Kopf und Kiemen. – Paläont. Z., 47, 1973.

Makowski, H.: Problems of Sexual Dimorphism in Ammonites. – Palaeontol. Polon., 12, 1963.
– Some Remarks on the Ontogenetic Development and Sexual Dimorphism in the Ammonoidea. – Acta Geol. Polon., 21, 1971.
Mangold, C.: Les Perisphinctidae (Ammonitina) du Jura Meridional au Bathonien et au Callovien. – Documents des Laboratoires de Géologie de la Faculté de Sciences de Lyon, 41, 2, Lyon 1970.
McKerrow, W.S. (Hrsg.): Palökologie. – Franckh'sche Verlagshandlung, Stuttgart 1981.
Meneghini, J.: Monographie des fossiles du Calcaire Rouge Ammonitique (Lias supérieur) de Lombardie et de l'Apennin central. – Mailand, 1867–1881.
Mojsisovics, E.V.: Die Cephalopoden der Hallstatter Kalke. – Abh. geol. Reichsanst. Wien, 1873–1902.
– Die Cephalopoden der mediterranen Triasprovinz. – Abh. geol. Reichsanst. Wien, 1882.
Monestier, J.: Ammonites rares ou peu connues et ammonites nouvelles du Toarcien supérieur du sud-est de l'Aveyron. – Soc. géol. France, Mém., 54, 1921.
– Ammonites rares ou peu connues et ammonites nouvelles du Toarcien moyen de la région sud-est de l'Aveyron. – Soc. géol. France, Mém., sér. nouv., 7, 15, 1931.
– Ammonites du Domérien de la région sud-est de l'Aveyron. – Soc. géol. France, Mém., sér. nouv., 7, 23, 1934.
Müller, A.H.: Der Großablauf der stammesgeschichtlichen Entwicklung. – VEB Gustav Fischer, Jena 1955.
– Lehrbuch der Paläozoologie. Band II, Invertebraten, Teil 2: Mollusca. 2 – Arthropoda 1., 2.Aufl. – Gustav Fischer, Jena 1965.
– Erscheinungen und Probleme der weltweiten Fauneninzisionen an der Kreide-/Tertiär-Grenze. – Leopoldina (3) 12, 1967.
– Über Lobendrängung und Ähnliches bei Ammoniten (Cephalopoda), insbesondere Ceratiten. – Monatsber. Deutsch. Akad. Wiss., 1970.
Mutvei, H.: Die Lebensweise der Ammoniten. – Paläont. Z., 49, 1975.
Naef, A.: Die fossilen Tintenfische. – Jena 1922.
Oppel, A.: Über jurassische Cephalopoden. – Palaeont. Mitt. Mus. kgl. bayer. Staat, 3, München, 1862, 1863.
Orbigny, A. d': Paléontologie Française. – Cosson, Masson, Paris 1840–1855.
Pannkoke, E.: Die Ammonitenfauna des Posidonienschiefers von Holzmaden (Württemberg). – Diss. Univ. Tübingen, 1965.
Petter, G.: Goniatites Dévoniennes du Sahara. – Service de la Carte Géologique de l'Algérie, Alger 1959.
– Clymènies du Sahara. – Service de la Carte Géologique de l'Algérie, Alger 1960.
Piveteau, J. (Ed.): Traité de paléontologie. 7 Bände. – Masson, Paris 1952–1969.
Pompeckj, J.F.: Beiträge zu einer Revision der Ammoniten des Schwäbischen Jura. *Phylloceras, Psiloceras, Schlotheimia.* – Schweizerbart, Stuttgart 1893.
Quenstedt, F.A.: Der Jura. – H. Laupp, Tübingen 1858.
– Petrefaktenkunde Deutschlands. I. Cephalopoden. Text- und Atlasband. – F. Fues, Tübingen und Leipzig 1849.
– Handbuch der Petrefaktenkunde. Text- und Atlasband. – H. Laupp, Tübingen 1885.
– Die Ammoniten des Schwäbischen Jura. 3 Bände, 2 Atlas-Bände. Nachdruck des Originals von 1885. – E.Schweizerbart, Stuttgart 1973.
– Die Ammoniten des Schwäbischen Jura.

Revision der Gattungs- und Untergattungsnamen. – Dt. Subkomm. Jura-Stratigr., E. Schweizerbart, Stuttgart 1973.
RICCARDI, A. C., WESTERMANN, G. E. G., LEVY, R.: The Lower Cretaceous Ammonitina *Olcostephanus, Leopoldia,* and *Favrella* from West-Central Argentina. – Palaeontographica, A, 136, 1971.
RICHTER, A. E.: Südfrankreich und seine Fossilien. – Franckh'sche Verlagshandlung, Stuttgart 1979.
– Handbuch des Fossiliensammlers. – Franckh, Stuttgart 1981.
RIEBER, H.: Ammoniten und Stratigraphie des Braunjura β der Schwäbischen Alb. – Palaeontographica, A, 122, 1963.
ROMAN, F.: Les ammonites jurassiques et cretacées. – Masson, Paris 1938.
SCHAIRER, G.: Biometrische Untersuchungen an *Perisphinctes, Ataxioceras, Lithacoceras* der Zone der *Sutneria platynota* (REINECKE) (unterstes Unterkimmeridgium) der Fränkischen Alb. – Dissertation, München 1967.
– *Taramelliceras, Glochiceras, Ochetoceras* (Haploceratаceae, Ammonoidea) aus der *platynota*-Zone (unterstes Unterkimmeridge) der Fränkischen Alb (Bayern). – Mitt. Bayer. Staatssamml. Paläont. hist. Geol., 12, 1972.
– *Lithacoceras ulmense* (OPPEL). – Mitt. Freunde Bayer. Staatssamml. etc., München 1976.
SCHEURLEN, H.: *Strigoceras* und *Phlycticeras*. – Palaeontographica, 70, 1928.
SCHINDEWOLF, O. H.: Über *Strenoceras* und andere Dogger-Ammoniten. – N. Jahrb. Geol. Paläont., 1953.
– Über die Lobenlinie der Ammonoidea. – N. Jahrb. Geol. Paläont., 1954.
– Über die möglichen Ursachen der großen erdgeschichtlichen Faunenschnitte. – N. Jahrb. Geol. Paläont., 1954.
– Über Aptychen (Ammonoidea). – Palaeontographica, A, 111, 1958.
– Studien zur Stammesgeschichte der Ammoniten. – Akad. Wiss. Lit., Abh. math.-naturwiss. Kl., Mainz 1961–1968.
– Analyse eines Ammoniten-Gehäuses. – Akad. Wiss. Lit., Abh. math.-naturwiss. Kl., Mainz 1967.
– Über Clymenien und andere Cephalopoden. – Akad. Wiss. Lit., Abh. math.-naturwiss. Kl., Mainz 1971.
SCHLATTER, R.: Biostratigraphie und Ammonitenfauna des Unter-Pliensbachium im Typusgebiet (Pliensbach, Holzmaden und Nürtingen; Württemberg, SW-Deutschland). – Stuttg. Beitr. Naturk., B, 27, 1978.
SCHLEGELMILCH, R.: Die Ammoniten des süddeutschen Lias. – G. Fischer, Stgt. 1976.
SCHLÜTER, C.: Cephalopoden der oberen deutschen Kreide. – Palaeontographica, NF, I, Kassel 1872–1876.
SCHMIDT, M.: Die Lebewelt unserer Trias. – F. Rau, Öhringen 1928.
SCHMIDT-EFFING, R.: Zur Paläontologie jurassischer Invertebraten. Die Dactylioceratidae, eine Ammoniten-Familie des Unteren Jura. – Münster. Forsch. Geol. Paläont., 25/26, Münster 1972.
– Taxonomie und Dimorphismus bei Unterjura-Ammoniten. Eine Erwiderung zu GUEX' „Dimorphisme des Dactylioceratidae du Toarcien". – Eclogae geol. Helv., 68, 1975.
SEILACHER, A. (Hrsg.): Palökologie. – Zentralbl. Geol. Paläont., II. Paläontologie, E. Schweizerbart, Stuttgart 1976.
SHIMER, H. W., SHROCK, R. R.: Index Fossils of North America. 4. Aufl. – J. Wiley & Sons, New York et Chapman & Hall, London 1949.
SIEGFRIED, P.: Die Heersumer Schichten im Hildesheimer Jura-Zug. – Geol. Jahrb., 67, Hannover 1952.

SÖLL, H.: Stratigraphie und Ammonitenfauna des mittleren und oberen Lias-β (Lotharingien) in Mittel-Württemberg. – Geol. Jahrb., 72, Hannover 1956.
STOLZ, H.: Die Ammonitenfauna der schwäbischen Jurensismergel mit Ausnahme der Lytoceraten. – Diss. Univ. Tübingen, 1911.
THIERMANN, A.: Die Ammonitengattung *Endemoceras n.g.* aus dem Unter-Hauterive NW-Europas. Geol. Jb., 81, Hannover 1963.
THIERRY, J.: Le genre *Macrocephalites* au Callovien inférieur (Ammonites, Jurassic moyen). Systématique et Evolution, Biostratigraphie, Biogéographie: Europe et domaine indo-malgache. – Memoires geol. Univ. Dijon, 4, 1978.
THOMEL, G.: Ammonites. – Serre, Nizza 1980.
TRAUTH, F.: Aptychenstudien. – Ann. Nat. Mus. Wien, 41, 42, 44, 45, 47, 1927–1936.
Treatise on Invertebrate Paleontology (Herausgeber R.C. MOORE), Part L, Mollusca 4, Cephalopoda, Ammonoidea. Kansas Univ. Press, 1957.
URLICHS, M., MUNDLOS, R.: Revision der Ceratiten aus der *atavus*-Zone (Oberer Muschelkalk, Oberanis) von SW-Deutschland. – Stuttg. Beitr. Naturk., B, 48, 1981.
VENTURI, F.: Ammoniti toarciane dei generi *Mercaticeras, Pseudomercaticeras, Crassiceras* e *Brodieia* (famiglia Hildoceratidi) di Monte Serano (Umbria Centrale) e Monte Aspra (Umbria Meridionale). – Boll. Soc. Paleont. Italiana, 11, 2, 1972.
VOGEL, K.: Zwergwuchs bei Polyptychiten. – Geol. Jahrb., 76, 1959.
WALLISER, O.H.: Über die Runzelschicht bei Ammonoidea. – Gött. Arb. Geol. Paläont., 5, 1970.
WEBER, H.S.: Zur Stratigraphie und Ammonitenfauna des Braunjura (Dogger) β der östlichen Schwäbischen Alb. – Arb. geol. paläont. Inst. TH Stuttgart, NF, 74, 1964.
WEITSCHAT, W.: Stratigraphie und Ammoniten des höheren Untertoarcium (oberer Lias ε) von NW-Deutschland. – Geol. Jahrb., A, 8, Hannover 1973.
WENDT, M.F.G.: Ammoniti e stratigrafia del Toarciano Umbro-Marchigiano (Appenninio centrale). – Boll. Soc. Paleont. Italiana, 8, 1, 1969.
WENDT, J.: Genese und Fauna submariner sedimentärer Spaltenfüllungen im mediterranen Jura. – Palaeontographica, 136, A, 1971.
WESTERMANN, G.: Monographie der Otoitidae (Ammonoidea). – Beih. Geol. Jahrb., 15, Hannover 1954.
– Monographie der Bajocien-Gattungen *Sphaeroceras* und *Chondroceras* (Ammonoidea). – Beih. Geol. Jahrb., 24, Hannover 1956.
– Ammoniten-Fauna und Stratigraphie des Bathonien NW-Deutschlands. – Beih. Geol. Jahrb., 32, Hannover 1958.
WESTERMANN, G.E.G. (Hrsg.): Sexual Dimorphism in Fossil Metazoa and Taxonomic Implications. – Intern. Union Geol. Sci., Ser. A, 1, Schweizerbart, Stuttgart 1969.
WETZEL, W.: Studien zur Paläontologie des nordwesteuropäischen Bathonien. – Palaeontographica, A, 87, 1937.
– Über Ammoniten-Larven. – N. Jahrb. Geol. Paläont., Abh., 107, 1959.
WIEDMANN, J.: Origin, Limits, and Systematic Position of Scaphites. – Palaeontology 8, 1965.
– Stammesgeschichte und System der posttriadischen Ammonoideen. – N. Jahrb. Geol. Paläont., Abh., 125, 127, 1966.
– The Heteromorphs and Ammonoid Extinction. – Biol. rev., 44, 1969.
– Über den Ursprung der Neoammonoideen. Das Problem einer Typogenese. – Eclogae geol. Helv., 63, 1970.
– Evolution or Revolution of Ammonoids at

Mesozoic System Boundaries. – Biol. rev., 48, 1973.

Wiedmann, J. (Hrsg.): Aspekte der Kreide Europas. – E. Schweizerbart, Stuttgart 1979.

Wiedenmayer, F.: *Exomiloceras* (Analytoceratidae, Ammonoidea), eine neue Gattung aus dem unteren Lias der Tethys. – Eclogae geol. Helv., 72, 1979.

– Die Ammoniten der mediterranen Provinz im Pliensbachian und unteren Toarcian aufgrund neuer Untersuchungen im Generoso-Becken (Lombardische Alpen). – Birkhäuser, Basel, Boston, Stuttgart 1980.

Zeiss, A.: *Hecticoceras* und *Reineckeia* im Mittel- und Obercallovien von Blumberg (Südbaden). – Bayer. Akad. Wiss., math.-naturwiss. Kl., Abh., NF, 80, 1956.

– Die Ammonitengattung *Paraspidoceras* L. F. Spath. – Erlanger geol. Abh., 41, 1962.

Ziegler, B.: *Creniceras dentatum* (Ammonitacea) im Mittel-Malm Südwestdeutschlands. – N. Jahrb. Geol. Paläont., 1957.

– Die Ammonitenfauna des tieferen Malm δ in Württemberg. – Jber. Mitt. Oberrh. geol. Ver., NF, 40, 1958.

– Monographie der Ammonitengattung *Glochiceras* im epikontinentalen Weißjura Mitteleuropas. – Palaeontographica, A, 110, 1958.

– *Idoceras* und verwandte Ammoniten-Gattungen im Oberjura Schwabens. – Eclogae geol. Helv., 52, 1959.

– Stratigraphische und zoogeographische Beobachtungen an *Aulacostephanus* (Ammonoidea – Oberjura). – Paläont. Z., 35, 1961.

– Die Ammonitengattung *Aulacostephanus* im Oberjura (Taxionomie, Stratigraphie, Biologie). – Palaeontographica, A, 119, 1962.

– Ammoniten-Ökologie am Beispiel des Oberjura. – Geol. Rundsch., 56, 1967.

– Über Dimorphismus und Verwandtschaftsbeziehungen bei „Oppelien" des Oberen Jura (Ammonoidea: Haplocerataceae). – Stuttg. Beitr. Naturk., B, 11, 1974.

– Einführung in die Paläobiologie. Teil 1. Allgemeine Paläontologie. 2. Aufl. – E. Schweizerbart, Stuttgart 1975.

Zittel, K. A.: Grundzüge der Paläontologie (Paläozoologie). 5./4. Aufl. 2 Bände. R. Oldenbourg, München, Berlin 1921–1923.

# Register

Kursiv gedruckte Seitenangaben verweisen auf Abbildungen.


## A

Abbauskulptur 51
Abbautypen *61*
aberrant 40
*Acanthodiscus radiatus 112*
advolut 34
*Agoniatites bicanaliculatus 59*
agoniatitisch 57, *60*
*Allocrioceras ellipticum 40*
*Alsatites 44*
*Amaltheus 15, 45, 88*
*A. gibbosus 102*
*A. margaritatus 69*
Ammonitida 97
ammonitisch 57, *60,* 96
ammonitische Nebenformen 40
Ammonoidea 95, 97
*Anaklinoceras 39*
Anaptychen 71 ff., *73*
Anarcestida 96, 97
*Ancyloceras 13, 39, 41*
Ancyloceratida 97, 98
ancylocon 42
*Androgynoceras 54*
*A. maculatum 68*
Anfangskammer 56, 57, 75
Anwachslinien *29*
Anwachsstreifen *29,* 47
Aptychen 71 ff., *78,* 90
Aptychentypen *74*
*Arcestes 26, 100*
Armcirren *78*
Armkranz *78*
*Arnioceras oppeli 68*
*Aspinoceras 84*
*Asteroceras obtusum 69*
*Ataxioceras 55*
*A. polyplocum 109*
*Aulacostephanus 45*
Außenbug *29,* 30, *39*

## B

baculicon 42
*Baculites 39*
*B. compressus 18*
*Barremites difficilis 113*
*Beudanticeras cf. albense 32*
*Beyrichoceras obtusum 26*
bicarinat *38,* 39
bikonkav *48*
bikonvex *48*
bilateral-symmetrisch 33, 95
bipartit *48*
bisulcat *38,* 39
*Brasilia bradfordensis 93*

## C

cadicon *33,* 36
*Cadoceras 117*
Caecum 75
calcitiert 70
*Caloceras 84*
*Cardioceras 117*
*C. cordatum 108*
*Catacoeloceras crassum 103*
Cephalopoda 95 f., 97
Ceratiten 96
*Ceratites cf. similis 99*
*C. nodosus 59*
*C. robustus 13*
Ceratitida 96, 97
ceratitisch 57, *60,* 96
*Cheiloceras subpartitum 92*
*Choffatia cf. lunata 107*
*Choristoceras 88*
*Cirroceras saxonicum 115*
*Cladiscites 59*
*Clioscaphites 39*
Clymeniida 96, 97
Conchiolin-Membranen 75
Conellen 32, 50, *51*
*Cornaptychus* 73, *74*
*Coroniceras rotiformis 27*
*Creniceras 44*
*C. renggeri 108*
*Crioceratites 39, 84*
criocon 42

## D

*Dactylioceras 45, 55, 84*
*D. athleticum 9*
*D. commune 11*
*D. tenuicostatum 11*
*Desmoceras 87*
devolut 42
*Dichotomoceras 109*
*Dimorphoplites bulliensis 66*
*Discoceratites dorsoplanus 99*
*Discoscaphites conradi 32*
diversipartit *48*
Doggerheteromorphe 118
*Dolikephalites uhligi 92*
Dornen 49
*Douvilleiceras 87*
*D. mammilatum 41*
*Dufrenoyia dufrenoyi 115*
*D. furcata 115*

## E

Einfachripper *54*
Einrollung *34,* 34
Einschnürungen 50
ellipsoid 38
ellipticon *33,* 36
*Emericeras emerici 35*
endemische Formen 85, 122
*Endemoceras noricum 112*
Endocochlia 95, 97
engnabelig 34
*Engonoceras 86*
entrollte Ammoniten 34
*Epiwocklumeria 52*
*Euaspidoceras oegir 110*
*Euhoplites tuberculatus 114*
evolut *34,* 34
Externkante 30
Externseite *39*
Extrasiphonata 76

## F

falcat *48*
falcoid *48*
fasciolat *48*
fascipartit *48*
fastigat *38,* 38
fibulat *48*
Flanke *29,* 30, *39*
Flankenfurche 30, *39*

## G

Gabelripper 51, *55*
Ganglien 77, *78*
*Garantiana garantiana 106*
Gaskammern 75
Gehäuseeinschnürungen *52*
Gehäuseschäden 60
Gesamtdurchmesser *29,* 31
Geschlechtsdimorphismus 45, 91 ff.
*Glochiceras lithographicum 70*
Goniatiten 96

Goniatitida 96, 97
goniatitisch 57, 60, 96
*Grammoceras striatulum 61*
*Granulaptychus 74*
*Grossouvria cf. sulcifera 69*
gyrocon 42

# H

*Hammatoceras speciosum 104*
*Hamites 39, 86*
*H. attenuatus 41*
hamulicon 42
*Hamulina 39*
*Harpoceras falcifer 103*
*Haugia illustris 104*
*H. variabilis 49, 51*
Hauptrippen 48
*Heteroceras 39*
heteromorphe Ammoniten 30, 34, 39, 40, 118
*Hildaites proserpentinum 103*
*Hildoceras angustisiphonatum 31*
*H. semipolitum 27*
hochmündig 36, *38*, 38
Hohlkiel 30, 50, *51*
Hohlkielboden *51*
Hohlkielröhre *51*
*Holcophylloceras calypso 53*
*Hoplites dentatus 113*
*H. interruptus 113*
*Hoplitoplacenticeras coesfeldiensis 113*
*Hoplocrioceras 84*
*Hoploscaphites 41*
*Hudlestonia serrodens 69*
*Hyphantoceras reussianum 43, 115*
*Hypacanthoplites 86*

# I

Innenbug *29*, 30, *39*
Internkante 30
Intrasiphonata 76
involut *34*, 34
*Involuticeras involutum 110*

# J

*Jovites cf. dacus 99*

# K

Kammern 25
Kammerscheidewand 28, 55
*Kepplerites 117*
*K. gowerianus 26*
*Kheraiceras cosmopolitum 37, 105*
Kieferapparat 72
Kiel 30, 39, 50
Kielausbildung *51*
Kielfurche 30, *39*
Kiemen 77, *78*
Knoten *29*, 49
Körperhöhle *78*
Körpersack 77
konkav *38*, 39, *48*
konvex *48*
*Kosmoceras 117*
*K. spinosum 63*
Kreideheteromorphe 118

# L

*Laevaptychus 71, 74*, 74
*L. latus 72*
*Laevicornaptychus* 73
*Laevilamellaptychus* 73
*Lamellaptychus 72*, 73, *74*
lanceolat *38*, 38
Larvenstadium 79
Lateralknoten *29*, 49
*Leioceras 44*
*L. opalinum 46*
limonitisiert 70
*Liparoceras cheltiense 49*
*Lissoceras oolithicum 104*
*Lithacoceras evolutum 109*
Lobendrängung 25 ff., 28, 92
Lobenlinie 28, *29*, 55 ff., *58, 60*
Lobus 57 ff.
*Ludwigia 84*
*L. murchisonae 80, 104*
*Lytoceras 87*
*L. cornucopia 36*
*L. jurense 101*
*L. siemensi 64*
Lytoceratida 96, 97
*Lytocrioceras 84*

# M

*Macrocephalites 117*
*M. cf. sceptifer 92*
*M. macrocephalus 61*
*Macroscaphites 84*
Makrokonch 91 ff.
Mantel 77, *78*
*Manticoceras 54*
Marginalkante 30
Medianebene *29*, 30, *39*
Medianschliff *31*
*Megaphyllites jarbas 100*
Mesoammonoidea 58, 96
Mikrokonch 91 ff.
*Morrisiceras sphaera 35*
*Morphoceras 52*
*Mortoniceras 86*
Mündung *29*, 30, 42
Mündungsapophysen 45, 93
Mündungsausbildung 44, 45
Mundrand 30

# N

Nabelkante 30
Nabelsaum 30, *58*
Nabelwand *29*, 30
Nabelweite *29*, 31
*Nautilus* 77 ff., *78*, 80, 82, 89, 91
Neoammonoidea 58, 96
Neocephalopoda 95, 97
*Neochetoceras steraspis 72*
*Neocraspedites tenuis 111*
Netzskulptur 49
niedrigmündig 36
*Normannites 84*
*N. braikenridgi 67*

# O

*Oecoptychius 84*
*O. refractus 43*
offener Kiel 30, 50, *51*
Ohren 45, *46*, 46, 93
orthocon 42
*Orthosphinctes cf. polygratus 46*
*Ostlingoceras 39*
*Otoites 44*
*Oxycerites cf. limosus 53*
oxycon *33*, 36
*Oxynoticeras oxynotum 37*
*Oxytropidoceras 86*
*O. belknapi 115*

# P

*Pachylytoceras torulosum 63*
Paläoammonoidea 58, 96
Palcephalopoda 95, 97
Parabelbildung 45
parabolisch *48*
*Parapatoceras distans 35*
*Parataxioceras inconditum 37*
*Parkinsonia neuffensis 106*
*P. parkinsoni 63, 67*
*Peltoceras athleta 63*
*Perisphinctes variocostatus 109*
Perlmuttschicht 32, 66, 80
Periostrakum 32
Periostom *29*, 30, 42
*Peronoceras beurleni 102*
*P. fibulatum 49*
Phragmokon 28, *29*
*Phylloceras 87*
*P. heterophyllum 59*
*P. supraliasicum 101*
Phylloceratida 96, 97
phylloceratidisch *60*
*Physodoceras altenense 110*

*Placenticeras intercalare 59*
planulat *33,* 36
*Platyclymenia walcotti 26*
platycon *33,* 36
*Pleuroceras reichenbachense 21*
*P. spinatum 47, 56, 66*
*Pleydellia aalensis tenuicostata 103*
plicat *48*
polygrat *48*
polyplok *48*
*Polyptychites polyptychus 111*
Prägekern 64
*Prästriaptychus 74,* 74
Primärsutur 40, 57
*Prionoceras sulcatum 99*
Prismenschicht 32, 80
*Procerites phaulomorphus 67*
*P. schloenbachi 107*
Prolecanitida 96, 97
*Promicroceras 84*
*Proplanulites koenigi 107*
proradiat *48,* 48
prorsiradiat *48,* 48
Prosipho 75
Prosutur 57
Proterogenese *117*
*Protetragonites 52*
Protoconch 79
*Protornoceras planidorsatum 98*
*Pseudoamaltheus engelhardti 50*
*Pseudothurmannia angulicostata 41*
*Pseudowaagenia hermanni 110*
*Psiloceras 44*
*P. planorbis 47*
*Ptychoceras 39*
*Punctaptychus* 74
pyritisiert 70

# Q

quadripartit *48*
*Quenstedtoceras 57, 117*
*Qu. cf. vertumnum 37*
*Qu. henrici 92, 93*

# R

radial 47, *48*
Radialskulptur 50
radiat 47
Radula 77, *78,* 90
*Raspailiceras 52*
rectiradiat *48,* 48
Regelrippung 50
retroradiat 47, *48*
Rippen 47
Rippenabstand *48,* 48
Rippenbündelung 48
Rippenrichtung *48,* 48
Rippenscheitelung 60, *61*
Rippentypen *48,* 48, 51
*Rugaptychus* 74
Runzelschicht 32
rursiradiat 47, *48*

# S

Sattel 57 ff.
*Scaphites 39, 84*
*S. gibbus 18*
scaphiticon 42
scaphitoid 42
Schale *29,* 30, *78*
Schalenbildung 60
Schalenerhaltung 62
Schalenfrakturen 25
Schaltrippen *48,* 48
*Schlotheimia polyeides 101*
Septalhälse 75
septicarinat *38*
Septum 28, 55, *78*
serpenticon *33,* 34
Sexualdimorphismus 91 ff.
*Sigaloceras 84*
Sipho 30, *78*
Siphonalapparat 75 ff., 82
Siphonaldüten 75
Skulptur 30, 46
Skulptursteinkern 56, 62, 64
Skulpturveränderung 61
*Sowerbyceras 52*
Spaltrippen *48,* 48
Spaltripper 51, *55*
sphaerocon *33,* 34
*Spinikosmoceras 45*
Spiralfurche 30, 49
Spiralstreifung 49
*Spiroceras orbignyi 35*
*Sporadoceras biferum 98*
*S. münsteri 53*
*Staufenia staufensis 81*
Steinkern *29,* 30, 56, 62
*Stephanoceras humphriesianum 65, 105*
*Strenoceras 45, 88*
*Streblites tenuilobatus 35*
*Striaptychus 74*
*Strigoceras truellei 104*
sulcat *38,* 39
*Sulciferites martinischmidti 63*
*Sutneria 45*
Sutur 28, *29,* 55
Symmetrieebene 30
*Synaptychus* 74

# T

tabulat *38,* 39
*Taramelliceras 44*
*T. pseudoflexuosum 107*
*Teloceras blagdeni 53*
Tentakel 77
Tetrabranchiata 77
torticon 42
toxocon 42
Triasheteromorphe 118
tricarinat *38,* 38
Trichter 77, *78*
Trichterrohr *78*
*Trimarginites arolicus 94*
*T. stenorhynchus 94*
*T. trimarginatus 94*
tripartit *48*
*Turrilites 87*
*T. cenomaniensis 42*
*T. costatus 42*
turriliticon 42
Typogenese 116

# U

*Uptonia jamesoni 101*

# V

Variationsbreite 125
Veligerlarve 79
Velum 79
Venter *29,* 30, *39*
Ventermittellinie *58*
Ventralknoten 49
Ventrolateralknoten *29,* 49
*Vermiceras scilla 36*
*Vermisphinctes vermiformis 107*
Virenzphasen 116
virgatipartit *48*

# W

Wachstumsänderung 79
Wachstumsknick 27
Wachstumsstillstand 45
weitnabelig 34
Wiedereinrollung 118
Windungsbreite *29,* 31, *39*
Windungshöhe *29,* 31, *39*
Windungsnaht *29,* 30
Windungsquerschnitt 30, 31, *38, 81*
Windungsumfassung 34
Wohnkammer 28, *29*
*Worthoceras 39*

# Z

*Zurcherella zurcheri 26*
Zwergformen 25, 27, 28